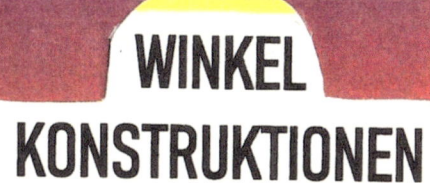

WINKEL KONSTRUKTIONEN

unmöglich?

möglich!

Schatz'sche Geometrie

3-TEILUNG ALLER WINKEL

Vorwort

Wir Menschen sind Teil der Schöpfung.

also in ihr!

Deshalb ist uns eine Aus- und Übersicht nicht möglich.

Unsere Erkenntnisfähigkeit

ist von unserer biologischen Ausstattung abhängig.

Wirklichkeit

ist uns nur indirekt über unsere Sinne erfahrbar.

Dadurch ist unser Wissen über

GRUNDLEGENDE WAHRHEIT BEGRENZT

Mit diesem Büchlein will ich dazu ermutigen,

für richtig gehaltenes "Wissen" neu zu denken.

Stellvertretend für alle Winkel

enthält diese Zusammenstellung

Konstruktionen zur drittelung der Winkel

9o Grad, 45 Grad, 30 Grad, 60 Grad und 75 Grad.

Jede Zeichnung ist auch für andere Winkel anwendbar.

Alle auszuführen, würde den Ramen dieses kleinen Büchleins sprengen.

Die Benennung von Bögen, Punkten und Strecken

habe ich willkürlich gewählt, weil es bisher nichts vergleichbares gab.

Offiziell sind die Konstruktionen

mit Ausnahme der Winkel 45 und 90 Grad

nicht konstruierbar

Wissen wird ignoriert, und verschwindet deshalb aus

dem kollektiven und kulturellen Gedächtnis.

Schutz geistigen Eigentums

Denken ist ohne Informationen, Bewertungen und Anwendung

nicht möglich.

Möglich ist Denken nur dann, wenn Wissen und Zeit
ausreichen.

Denken speist sich aus Informationen und Erfahrung.

Darum können geistige Ergebnisse kein individuelles

Eigentum sein, denn sie könnten ohne die aus der
Allgemeinheit kommenden Informationen nicht gedacht
werden.

Irrtümer wurden und werden stabil als Wahrheiten überliefert.

Daß ein Gebilde, das schwerer als Luft ist fliegen kann,

galt ebenso wie eine Kugelerde als unmögliches Hirngespinnzt.

Andersdenkende, Zweifler wurden und werden ausgegrenzt,

verachtet, bekämpft und als "weltfremde Spinner" bezeichnet.

Altruismus, Kooperation und Konkurenz sind Verhaltensweisen

von in Gruppen lebenden Arten.

Neid und Mißgunst entstehen,

wenn natürliches Verhalten benützt wird um

Gewinn zum Schaden Anderer zu erzielen.

KLEINE AUSWAHL

MEINER ANALYSEN   von 2004 bis 2014

ZUR WINKELTEILUNG

75°:3=25°

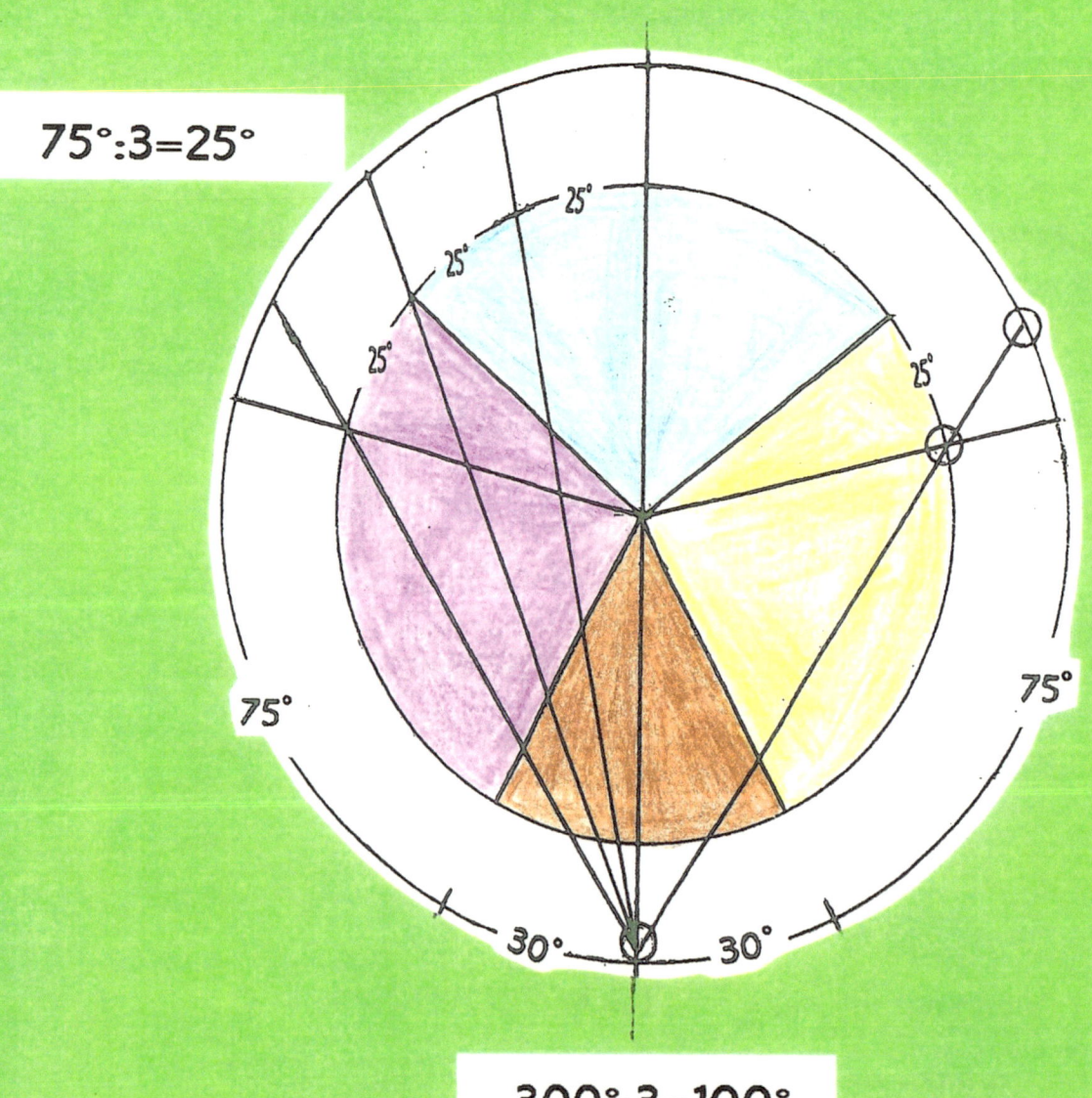

300°:3=100°

Winkeldrittelung
nur mit Zirkel und Lineal

erster Versuch
22.10.2004

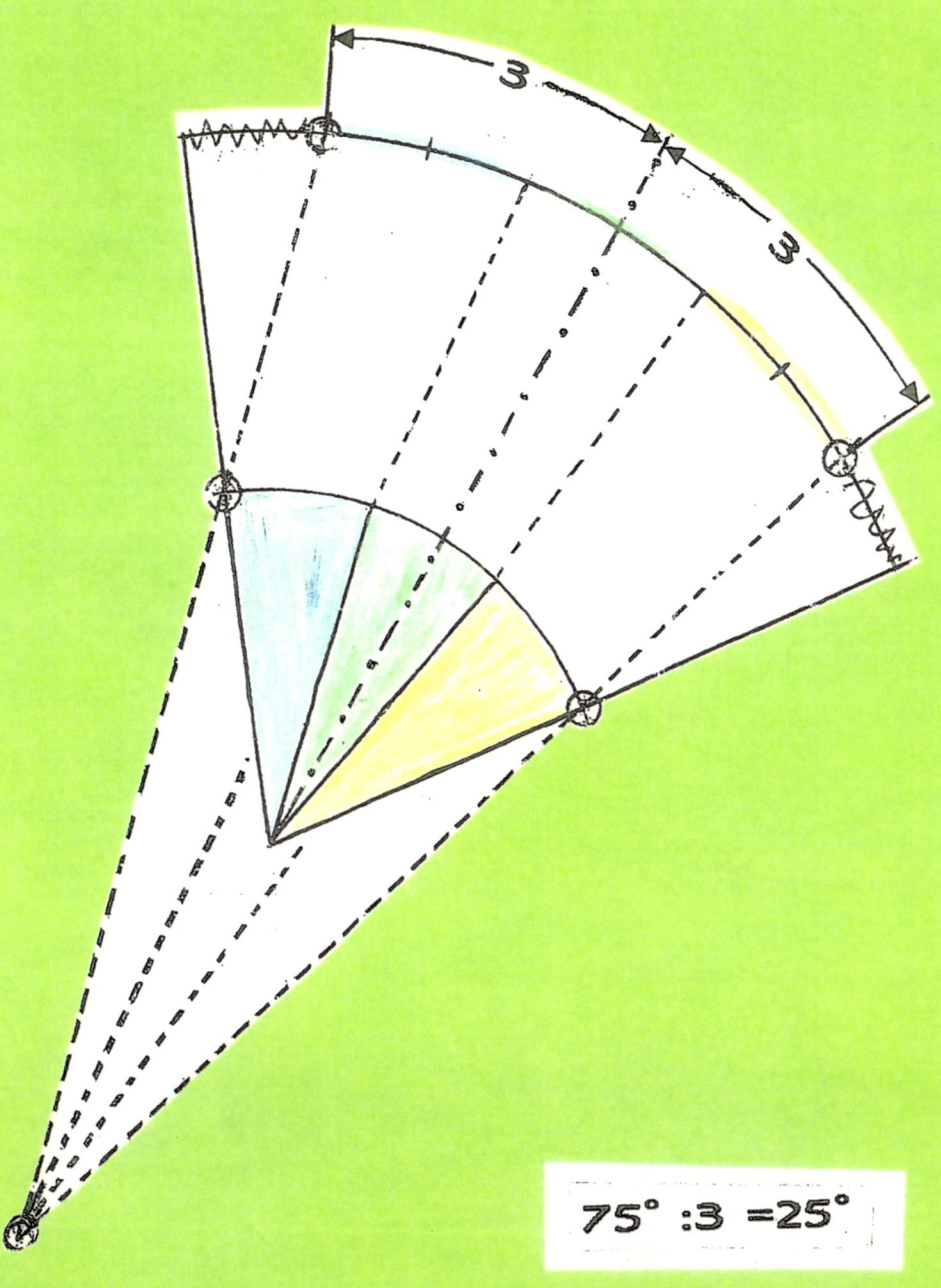

$$75° : 3 = 25°$$

Mit Schenkelteilen Winkel dritteln

STRECKENTEILUNG durch verhältnisgleiche Übertragung

Verhältnisteilung
1/3 zu 2/3

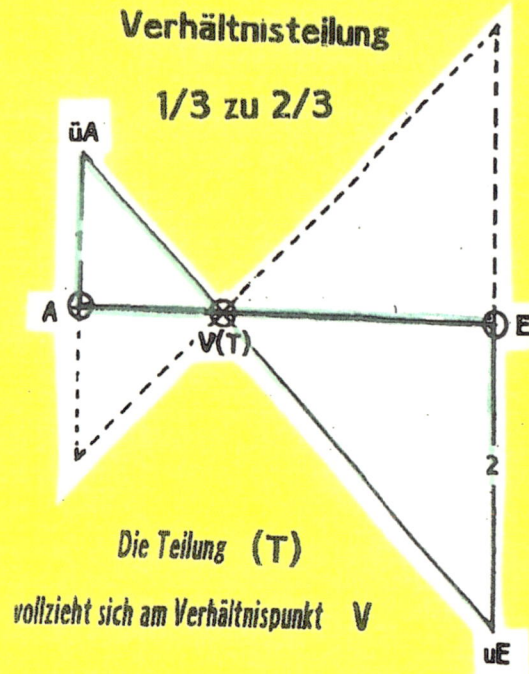

Die Teilung (T)

vollzieht sich am Verhältnispunkt V

Eine Strecke hat einen Anfangspunkt A

und einen Endpunkt E

Zum Teilen dieser Strecke wird rechtwinkelig

über Punkt A und unter Punkt E

je ein Strahl gezeichnet.

Strecken auf diesen zwei Strahlen bestimmen

das Teilungsverhältnis von $\overline{AE}$.

Geteilt wird mit der

Endpunktverbindungsstrecke $\overline{\text{üA uE}}$

oder mit $\overline{\text{uA üE}}$

So wird eine Streckenteilung

in eine Bogenteilung zur Winkeldrittelung überführt:

Je Schenkel ($\overline{\text{SuVd}}$ & $\overline{\text{SoVd}}$) teilen 5 Teilstrecken mit Verbindungsstrecken und einem gleichseitigen

Dreieck ($\overline{\text{oBuB}}$ = $\overline{\text{oBEgD}}$ = $\overline{\text{uBEgD}}$) den Bogen der dritten Teilstrecke in 3 gleich große Bogenabschnitte.

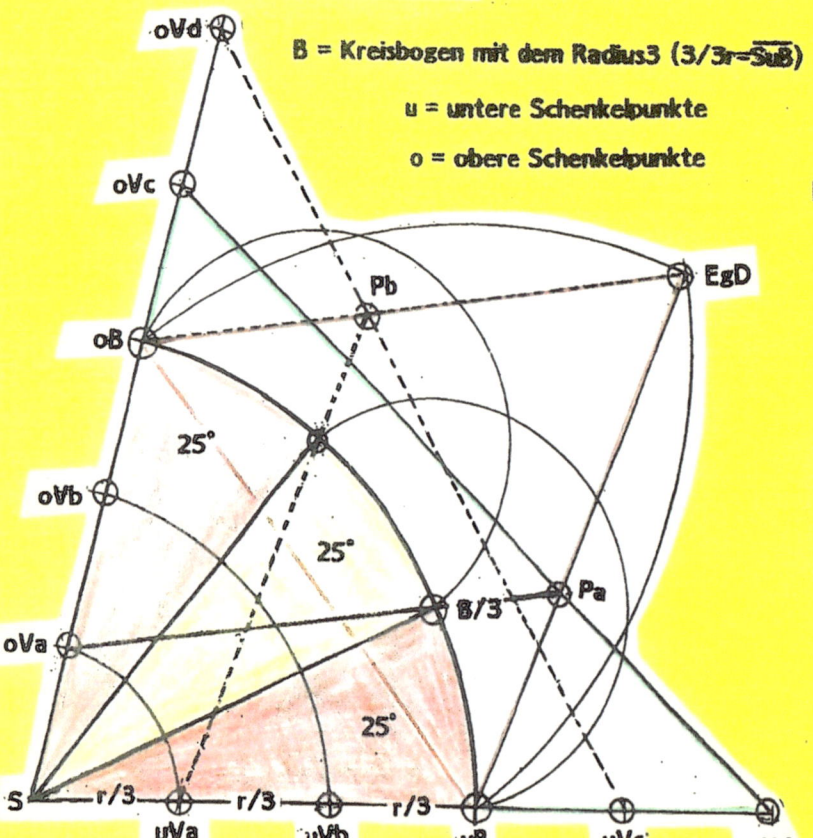

B = Kreisbogen mit dem Radius3 (3/3r=$\overline{\text{SuB}}$)

u = untere Schenkelpunkte

o = obere Schenkelpunkte

S = Scheitelpunkt des 75° Winkels

V = Verhältnispunkte der Schenkelteile

EgD = Eckpunkt des gleichseitigen Dreiecks

Pa & Pb = Punkte für die

Übertragungsstrecken $\overline{\text{oVaPa}}$ & $\overline{\text{uVaPb}}$

auf den Bogen $\overset{\frown}{\text{uBoB}}$

75° : 3

= B/3 = 25°

Pa = Schnittpunkt von uVdoVc

mit der Dreieckseite $\overline{\text{uBEgD}}$

Eine Streckenteilung wird zur Bogenteilung im gleichen Verhältnis

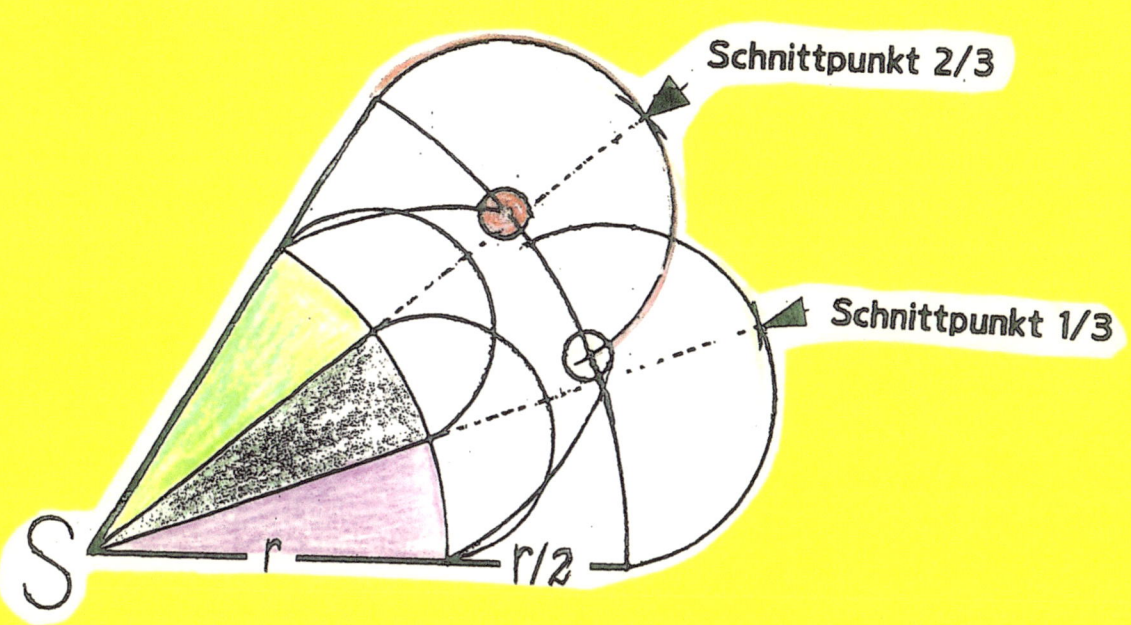

Schnittpunkt 2/3

Schnittpunkt 1/3

S   r   r/2

VON 3/2 RADIEN ZU 3/3 WINKEL

KONSTRUKTION EINES 20° WINKELS

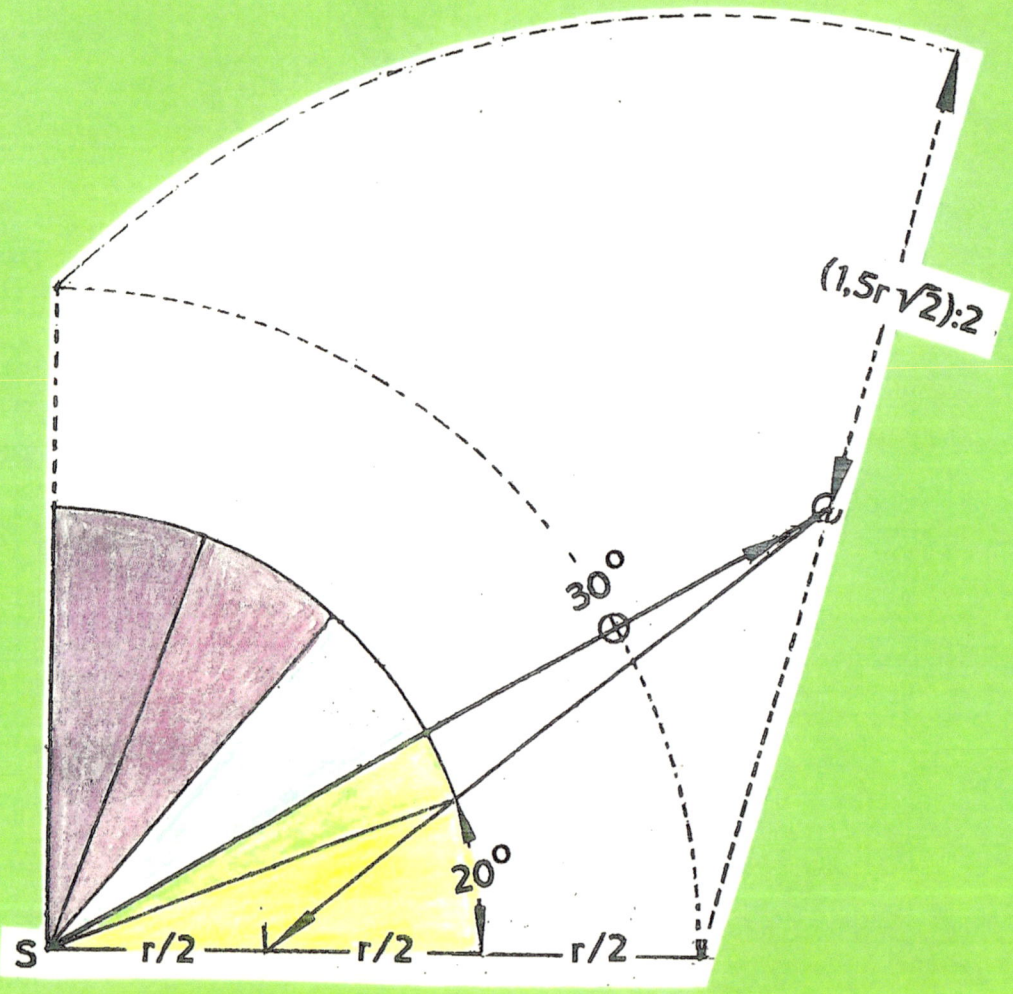

3/2 Radien und ein gleichseitiges Dreieck über dem rechten Winkel sind die wesentlichen Konstruktionselemente dieser Drittelung.

2 Möglichkeiten mit Winkelhalbierungen einen 75° Winkel zu dritteln

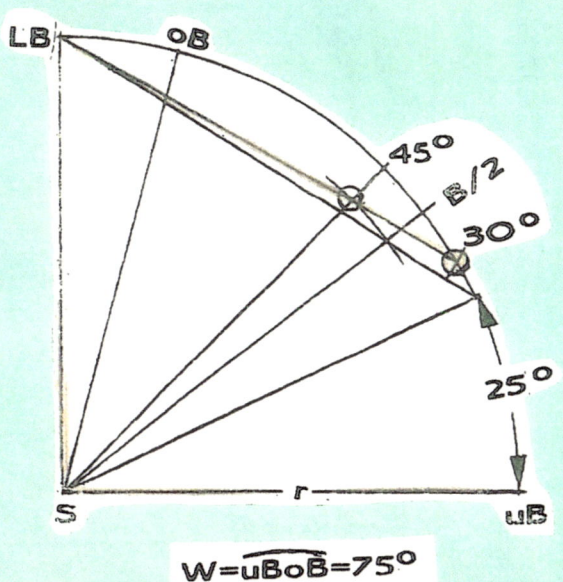

W = $\overset{\frown}{uBoB}$ = 75°

Beim rechten Winkel ist die Sehne von 60° so lang, wie der Radius des Begrenzungskreis bogens B

Diese Sehne schneidet den 45° Strahl am Verhältnispunkt V und legt dort zu S den Radius

vom Verhältnisbogen $\overset{\frown}{VB}$ fest

Wird eine gerade Linie von LB über VW/2 zu $\overset{\frown}{uBoB}$ gezeichnet, entsteht dort Punkt W/3

Rotiert $\overline{SLV}$ um LV, schneidet dieser Bogen die Winkelhalbierende von 75° am Punkt W/2

Die Strecke $\overline{W/2uB}$ schneidet den Kreisbogen B am Punkt W/3

$\overline{S\,LV} = \overline{LV\,W/2}$

Mit Winkelhalbierenden Winkel dritteln

Die Vergleichsgröße dafür ist der 90° Winkel. Er ist drittelbar. (60°= $\overline{SuB}$)

Es wird zum Vergleich des 90° Winkels mit dem 60° Winkel

der Bogen des rechten Winkels $\overset{\frown}{uBoB}$90° halbiert

(=2·45°) und gedrittelt (3·30°)

Auch der 30° Winkel $\overset{\frown}{oB60°oB90°}$ wird halbiert

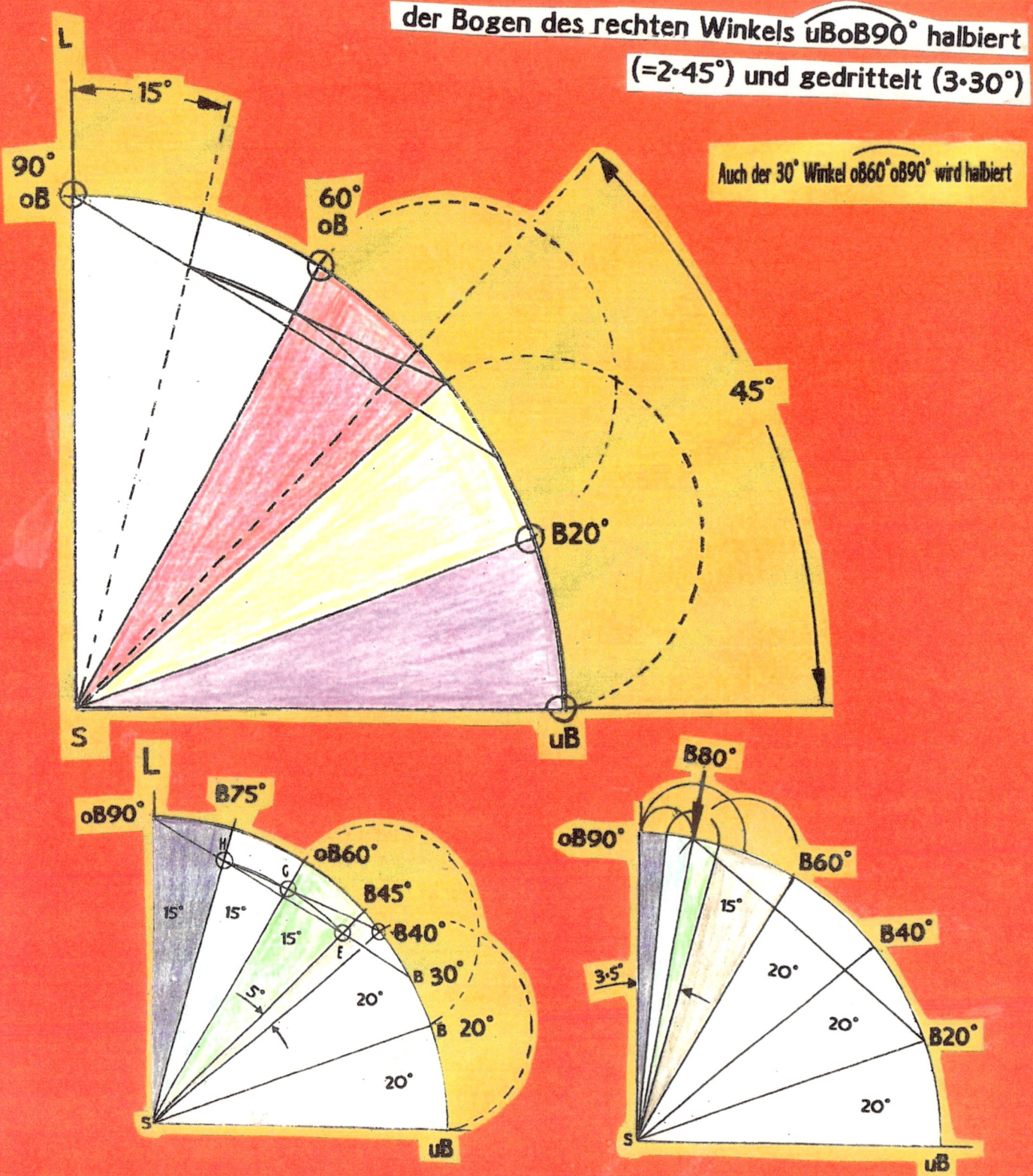

Die Sehne des 60°Bogens $\overset{\frown}{B30°oB90°}$ schneidet den 45°Strahl am Punkt E.

Mit dem Radius $\overline{SE}$ werden die Punkte G & H konstruiert.

Die Sehne $\overline{HG}$ verlängert zum Bogen $\overset{\frown}{uBoB90°}$ gibt dort Punkt B40°.

So

geht's

1.) 90° und 75° halbieren

2.) 90° dritteln

3.) Eine Sehne zwischen 90° und 30° zeichnen

4.) Den Schnittpunkt dieser Sehne mit dem

45° Strahl auf den 75° Halbierungsstrahl

(mit Radius zu Z) übertragen

5.) Von 90° zu diesem Übertragungspunkt

eine Linie zeichnen und sie zum

Viertelkreisbogen hin verlängern

Der Bogenschnittpunkt ist

PUNKT 25°

Z

von 3 · 15° zu 3 · 20°

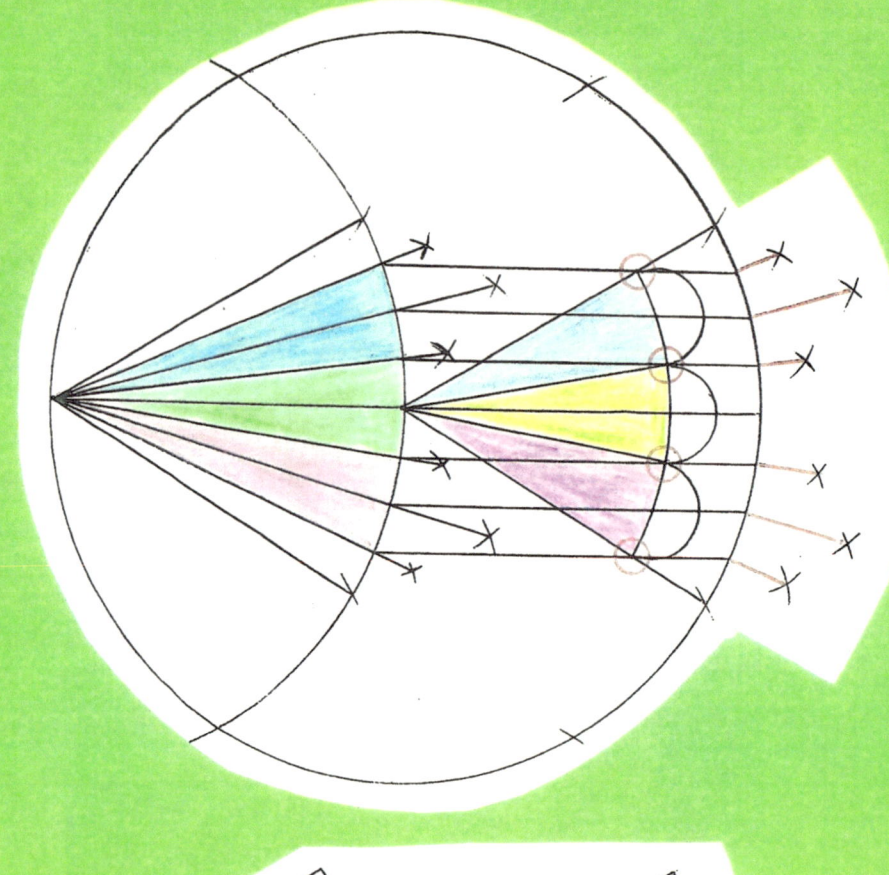

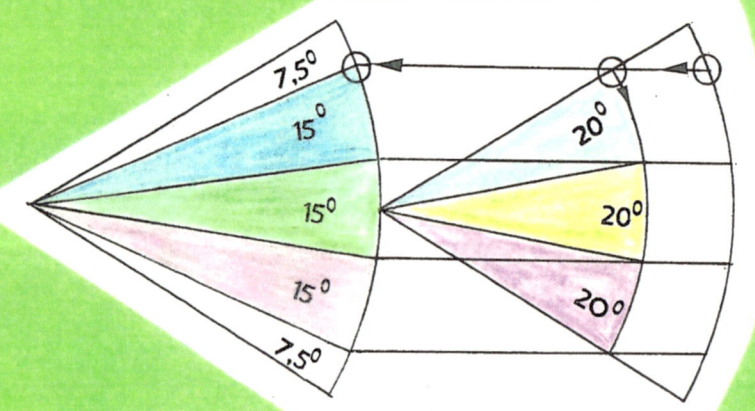

Ein Winkel ist genau gedrittelt,

wenn 4PUNKTE mit gleichem Abstand zum Scheitelpunkt

gleiche Abstände zueinander haben.

2PUNKTE sind auf, 2PUNKTE sind zwischen den Schenkeln.

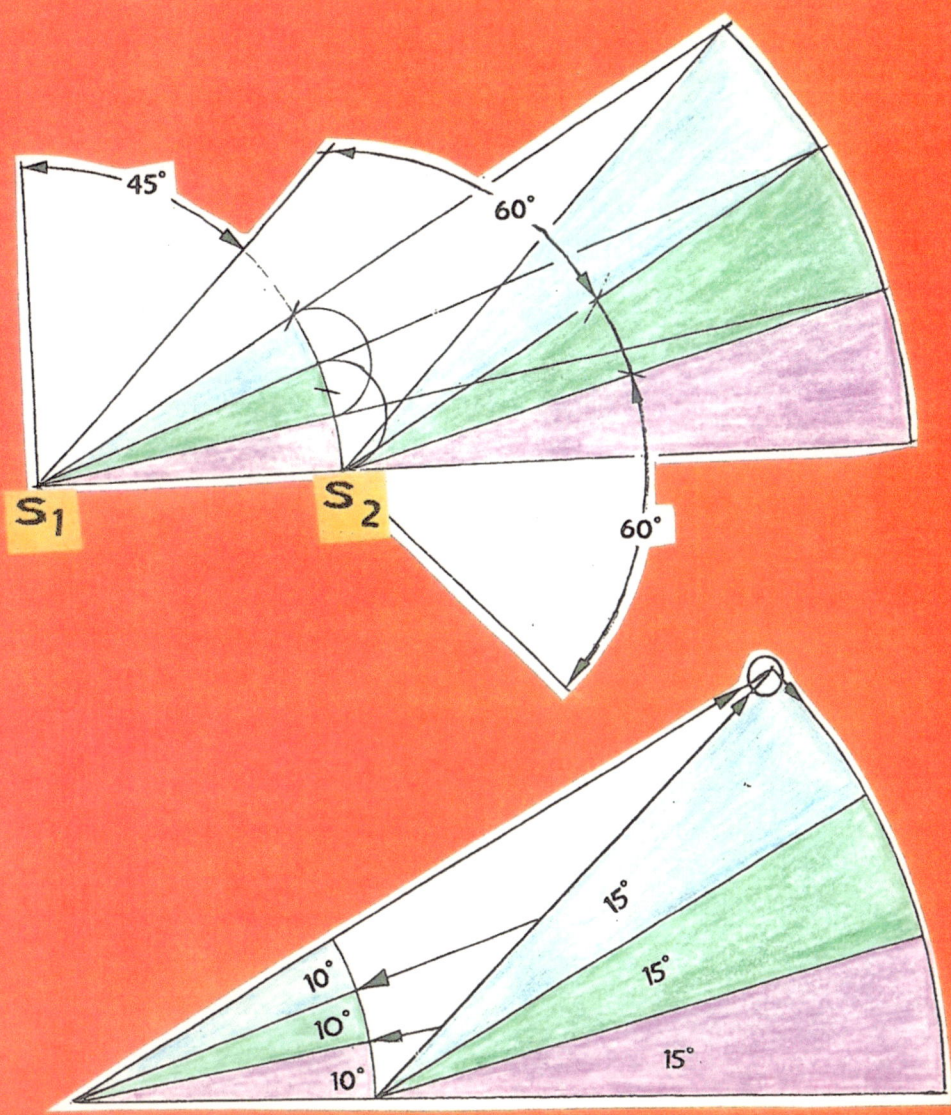

2 Kreisbögen mit gleichem Radius werden an einer gemeinsamen waagrechten Linie aneinander gefügt.

Am 1.) Bogen wird ein 30° Winkel konstruiert. Am 2.) einer mit 45°.

Die 2 oberen Schenkel werden verlängert, bis sie einen Schnittpunkt bilden. Ein Kreisbogen mit dem Scheitelpunkt S_2 begrenzt die 15°Strahlen. Die 2 inneren Genzpunkte werden mit S_1 verbunden.

60° : 3 = 20°

Konstruiert mit Zirkel und Lineal

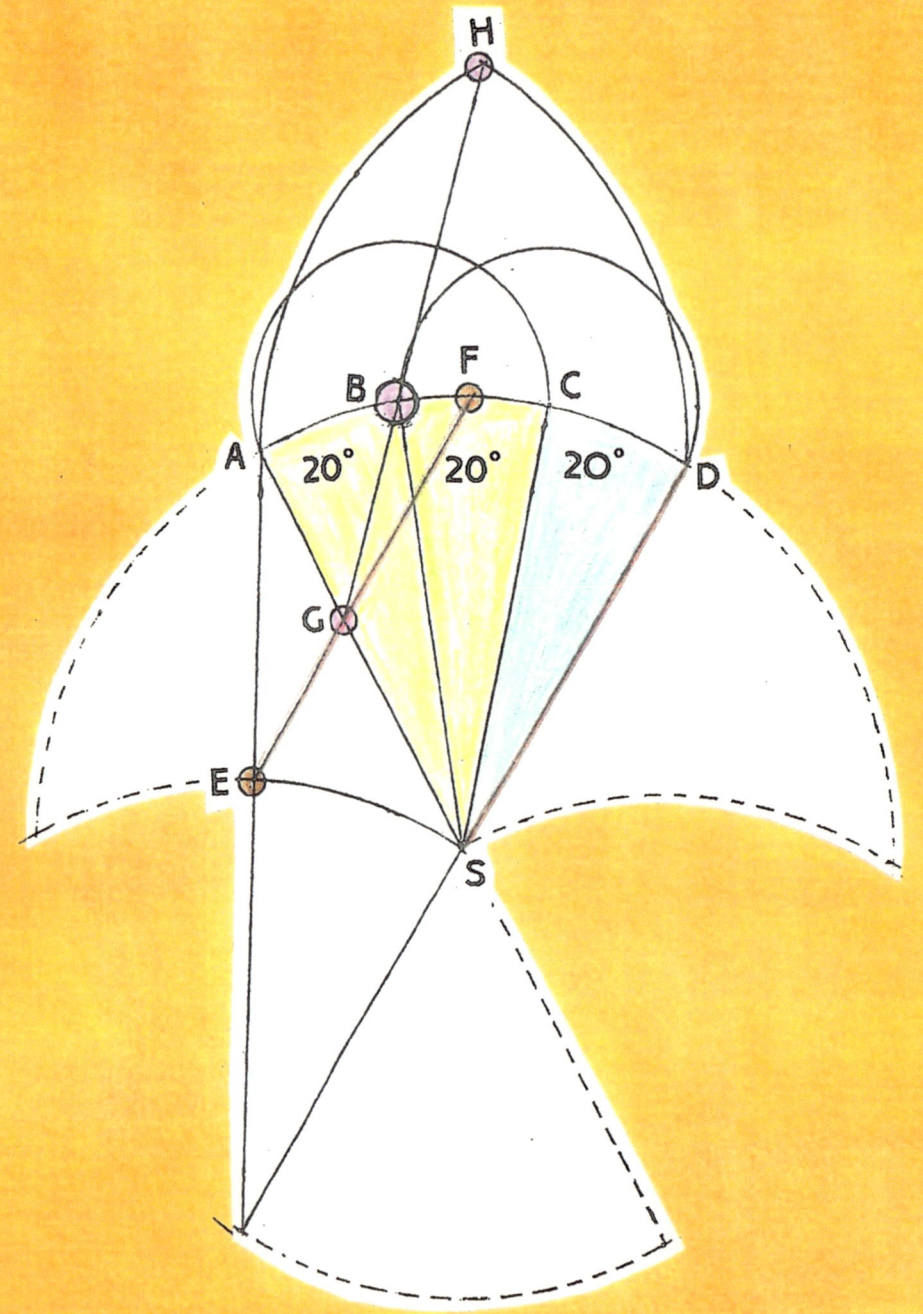

Die parallele Strecke $\overline{EF}$ mit dem Abstand 1/2$\overparen{DA}$ zum Schenkel $\overline{SD}$
schneidet die Schenkelstrecke $\overline{AS}$ am Punkt "G".

Die beiden Bögen mit dem Radius $\overline{AD} \equiv \overline{DA}$ bilden den Punkt "H".
(A als Scheitelpunkt hat den Bogen $\overparen{DH}$, D als Scheitelpunkt
hat den Bogen $\overparen{AH}$)

Der Drittelungspunkt B ist Schnittpunkt der Strecke $\overline{GH}$ mit
dem Bogen $\overparen{AD}$.

Winkeldrittelung bezogen auf beide Schenkel

erster Versuch mit zwei Bezugspunkts auf den Schenkelverlängerungen

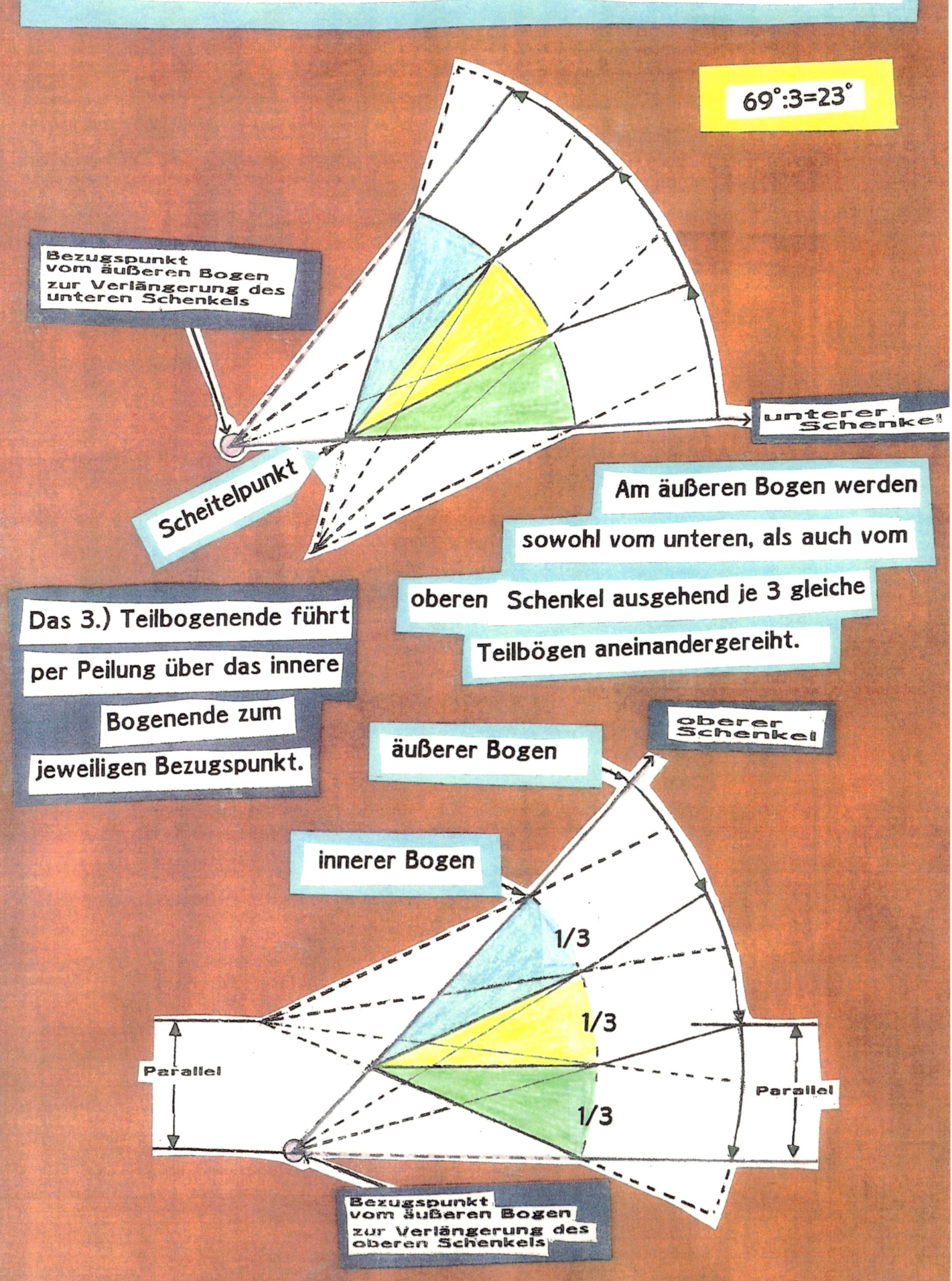

69°:3=23°

Bezugspunkt vom äußeren Bogen zur Verlängerung des unteren Schenkels

Scheitelpunkt

unterer Schenkel

Am äußeren Bogen werden sowohl vom unteren, als auch vom oberen Schenkel ausgehend je 3 gleiche Teilbögen aneinandergereiht.

Das 3.) Teilbogenende führt per Peilung über das innere Bogenende zum jeweiligen Bezugspunkt.

äußerer Bogen

oberer Schenkel

innerer Bogen

1/3

1/3

1/3

Parallel

Parallel

Bezugspunkt vom äußeren Bogen zur Verlängerung des oberen Schenkels

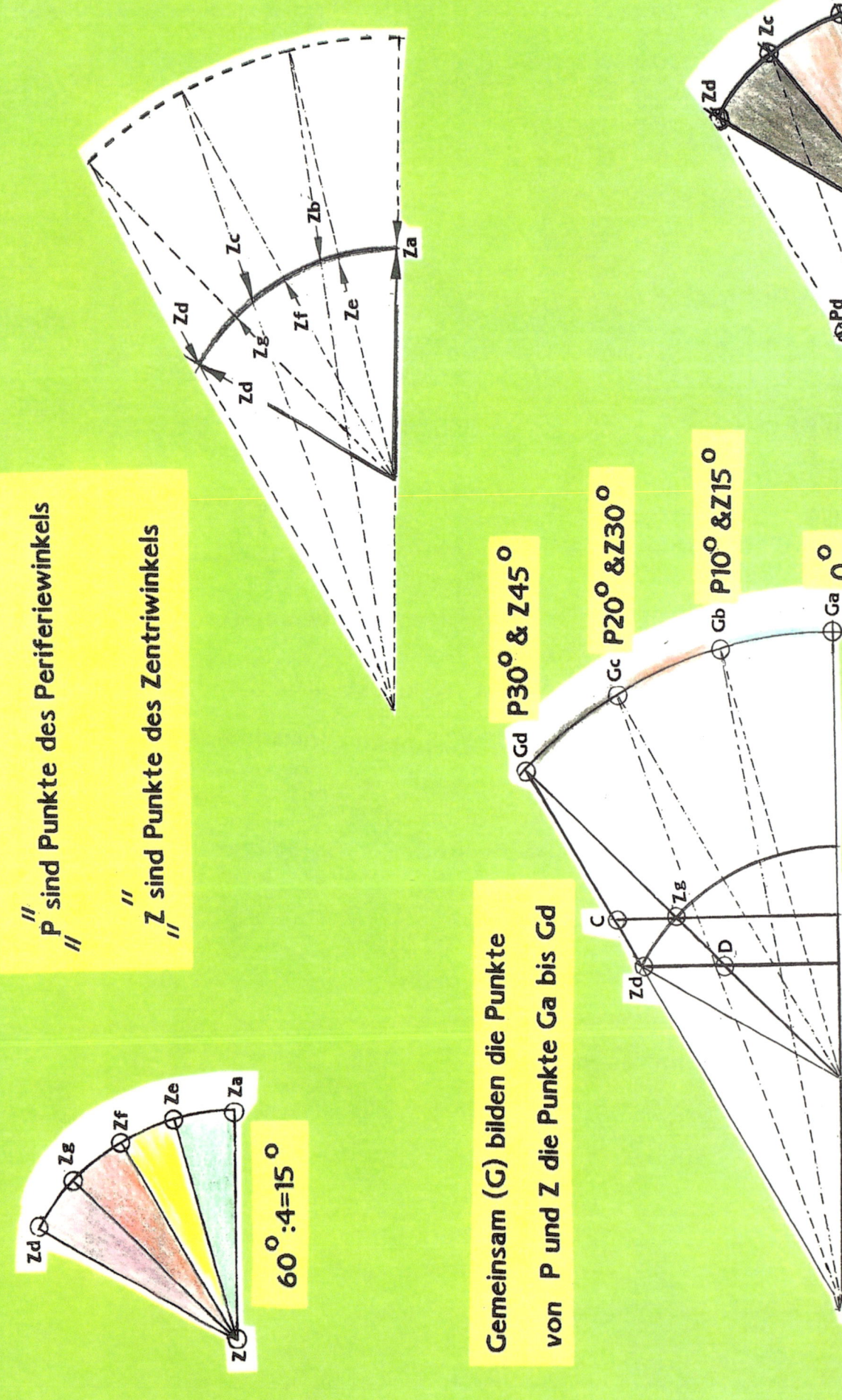

" P sind Punkte des Periferiewinkels

" Z sind Punkte des Zentriwinkels

$60^{\circ} : 4 = 15^{\circ}$

Gemeinsam (G) bilden die Punkte

von P und Z die Punkte Ga bis Gd

Gd P30° & Z45°

Gc P20° & Z30°

Gb P10° & Z15°

Ga 0°

ARCHIMEDES LINEAL
oder Gerade g zur

Winkeldrittelung

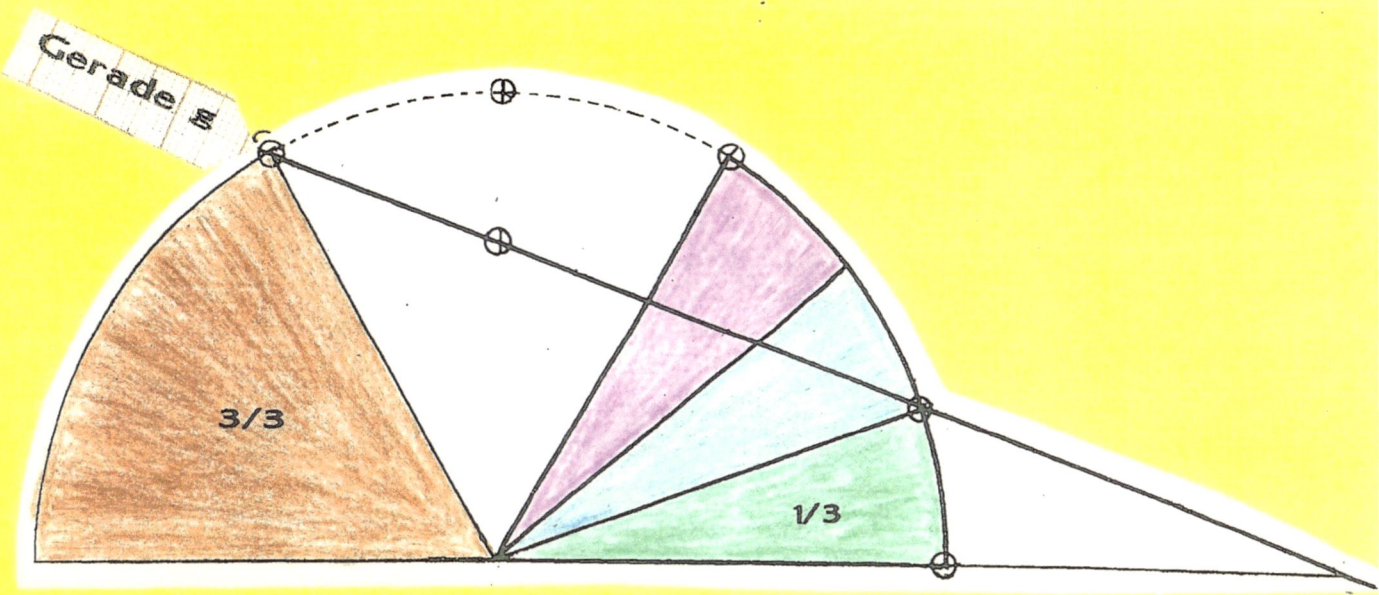

60°:3=20°

SIE IST KONSTRUIERBAR !

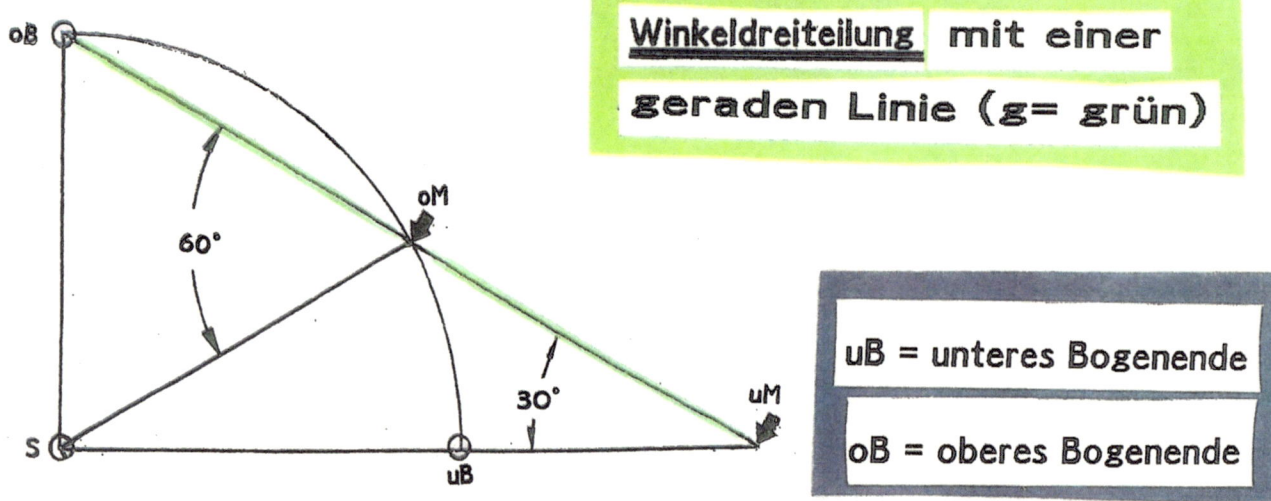

uB = unteres Bogenende

oB = oberes Bogenende

←Spiegelungsachse 90° zur Basisgeraden b

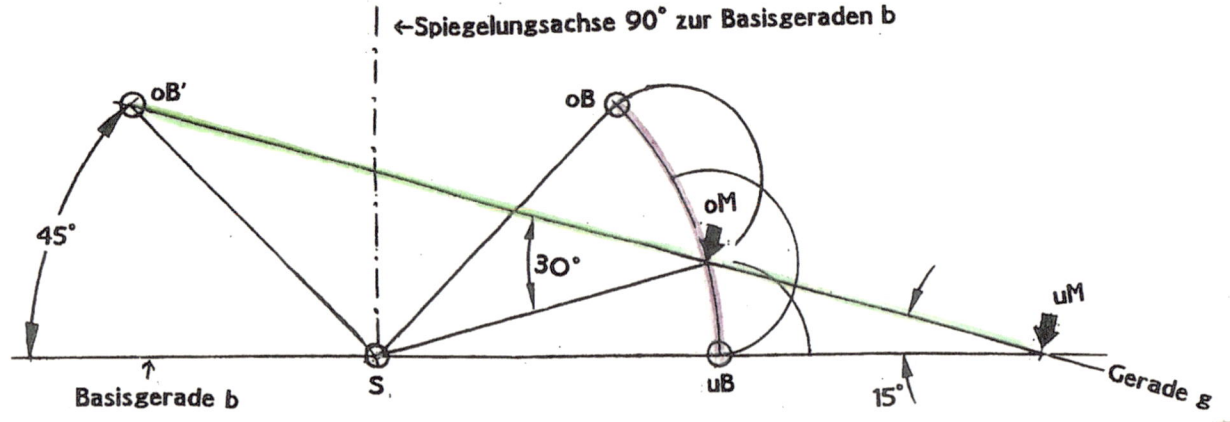

Basisgerade b   S   uB   15°   Gerade g

Schon Archimedes hat erkannt, daß 3 Punkte auf einer Geraden (g) einen Winkel (kleiner/gleich 90°) dritteln können.

2 Markierungen auf einem Linial (uM&oM= untere & obere Markierung)

teilen dann einen Winkel, wenn sie 3 Punkte einer Geraden g verbinden.

1.) Punkt ist Element der Basisgeraden b (=uM)

2.) Punkt ist Element des Bogens uBoB (violett)

3.) Punkt ist Punkt oB' (=oB gespiegelt an der Lotrechten L)

Weil die Gerade g konstruierbar ist,

können alle Winkeldrittelungen konstruiert werden.

Prinzip

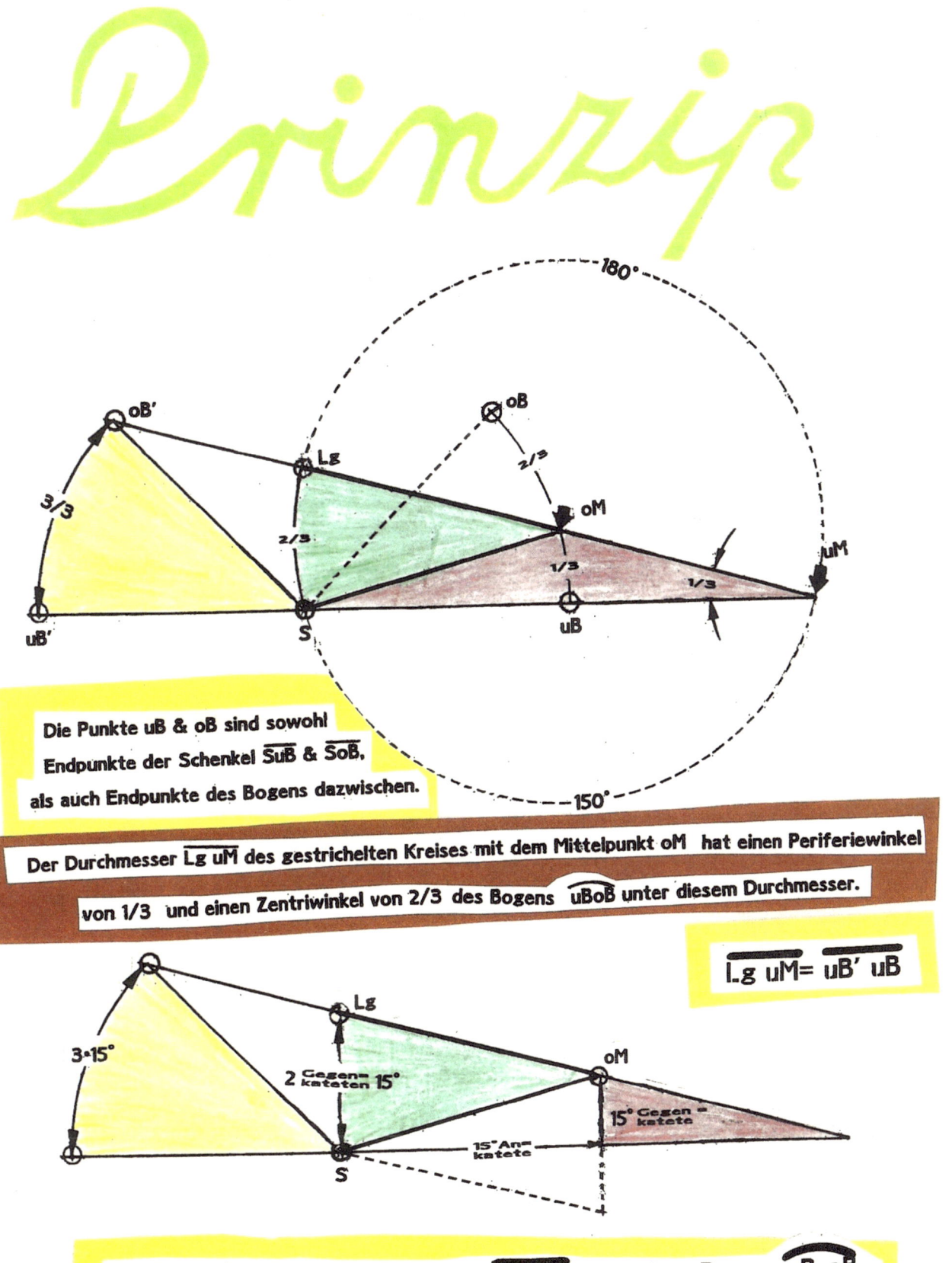

Die Punkte uB & oB sind sowohl Endpunkte der Schenkel $\overline{SuB}$ & $\overline{SoB}$, als auch Endpunkte des Bogens dazwischen.

Der Durchmesser $\overline{Lg\ uM}$ des gestrichelten Kreises mit dem Mittelpunkt oM hat einen Periferiewinkel von 1/3 und einen Zentriwinkel von 2/3 des Bogens $\overparen{uBoB}$ unter diesem Durchmesser.

$$\overline{Lg\ uM} = \overline{uB'\ uB}$$

oM ist der Schnittpunkt von $\overline{Lg\ uM}$ mit dem Bogen $\overparen{uB\ oB}$

Wenn nur mit Zirkel & Lineal einer der Punkte Lg oder oM bestimmbar ist, kann ein Winkel selbst dann konstruktiv gedrittelt werden, wenn es mit den sonst üblichen Verfahren nicht möglich ist.

2 Punkte bestimmen
den Verlauf der Geraden g.

Ein Punkt ist das gespiegelte obere Schenkelende.

Der 2.) Punkt ist der parallel verschobene Punkt LP zum Zentriwinkel Zg

Der Periferiewinkel schneidet die Lotrechte am Punkt LP

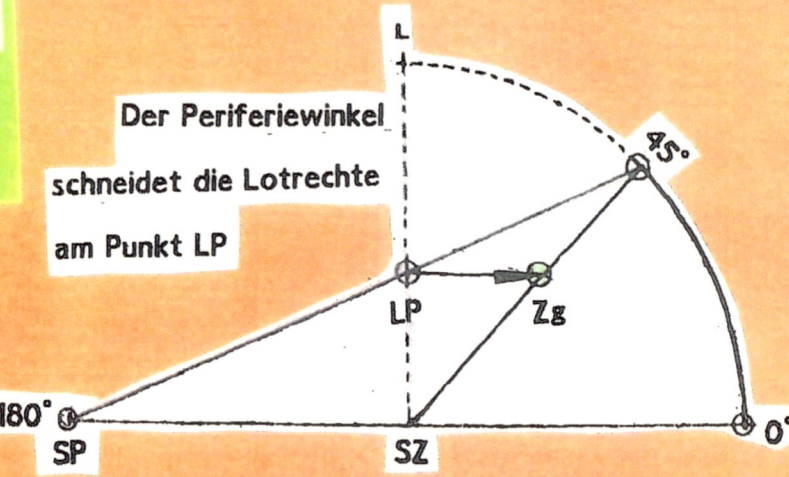

oB gespiegelt an L

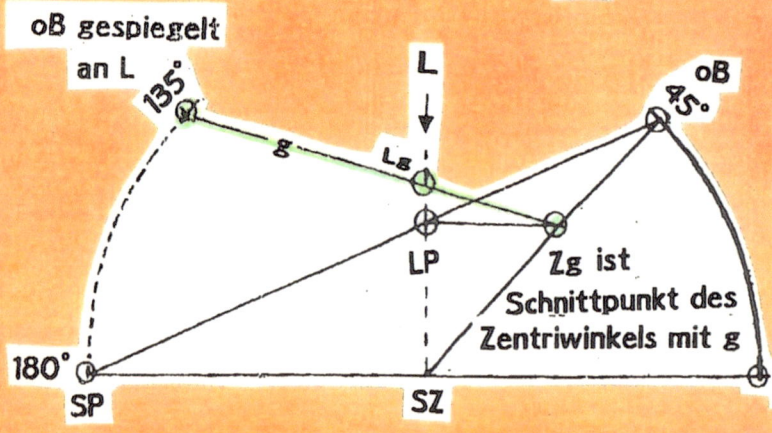

Zg ist Schnittpunkt des Zentriwinkels mit g

Das grüne Streckenteil von g schneidet L am Punkt Lg.
Dieser ist der Ausgangspunkt der Durchmesserlangen Strecke

LgGg&b

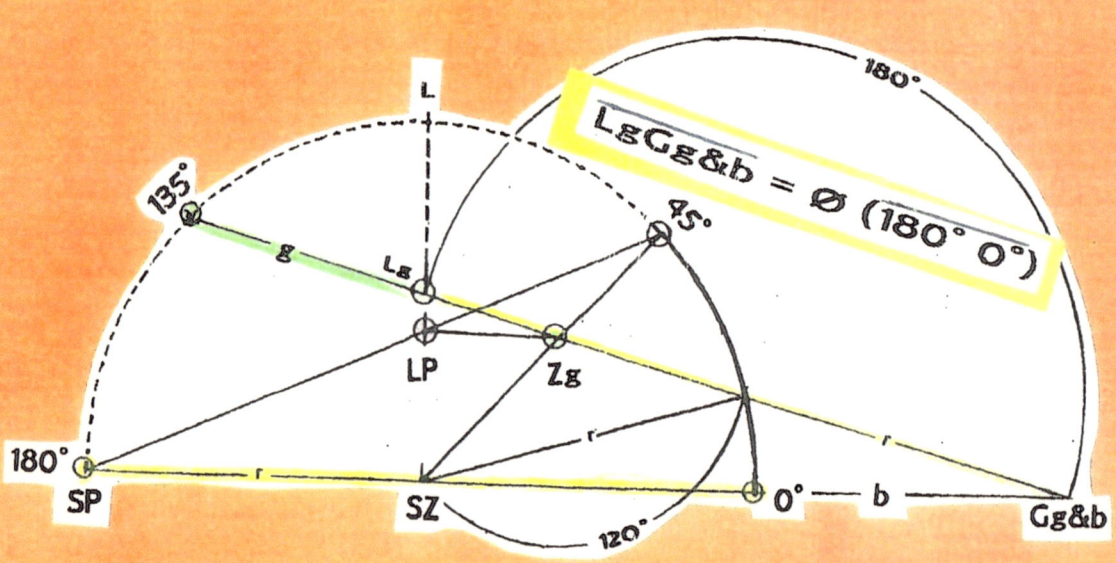

$$\overline{LgGg\&b} = \varnothing \; (180° \; 0°)$$

Diese 45° Drittelung zeigt, daß die **Archimedische Dreiteilung** von Winkeln konstruierbar ist.

Mit ∅ :3 & ∢ :2
zu ∢ :3

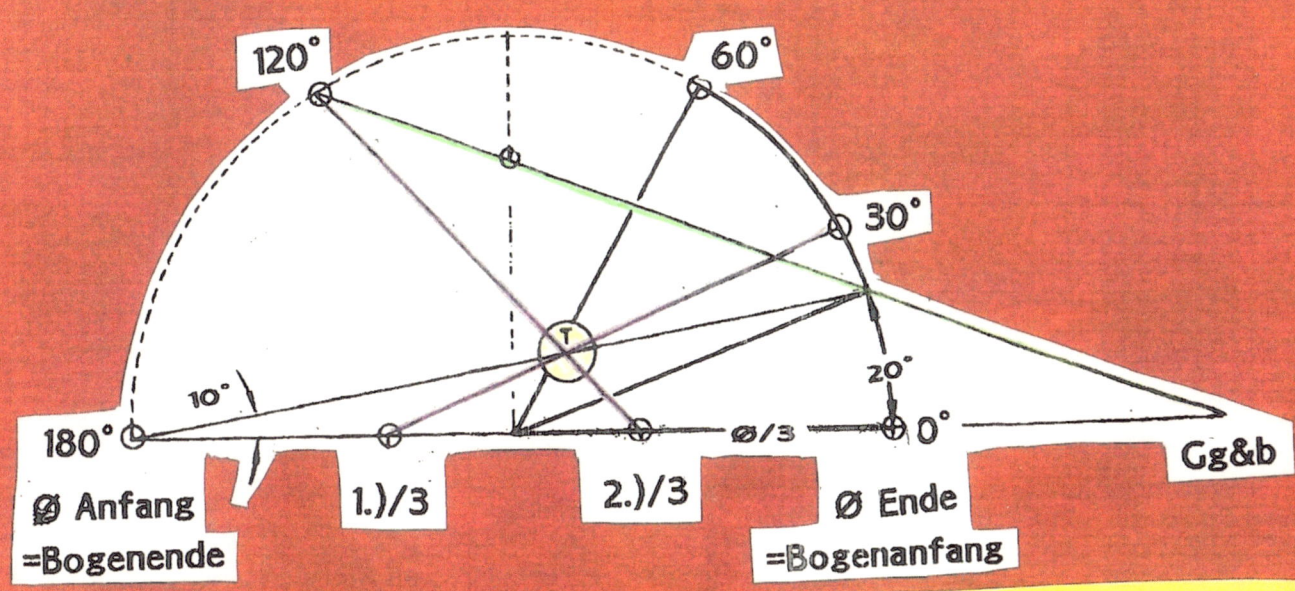

120° 60°

30°

20°

180° ∅/3 0°

10°

180° 1.)/3 2.)/3 ∅ Ende Gg&b

∅ Anfang
=Bogenende

=Bogenanfang

Punkt T

ist ein Element des

oberen Schenkels

vom 10°Periferiewinkel.

Konstruiert wird er mit 2 Strecken (violett)

Eine Strecke geht vom 1.)Drittelende

des Durchmessers zu Punkt 30° (=60° Bogen:2)

Die 2.)Strecke hat ihren Anfang am Endpunkt

des 2.)Durchmesserdrittels.

Sie führt zum 120° Punkt, der der Spiegelungspunkt

von 60° an der Lotrechten ist.

Die Gerade g ist grün gezeichnet.

Es ist die Prüfung nach Archimedes.

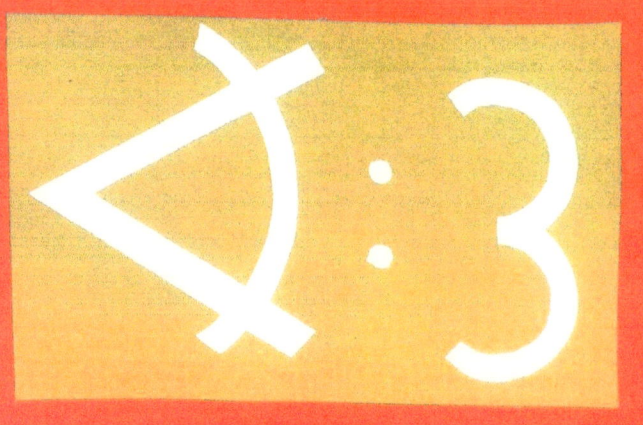

Im rechten Quadrandten eines Halbkreises über der Geraden b, soll ein 60 Gradwinkel gedrittelt werden.

Die Strecke von 120 Grad nach gD schneidet **L** am Punkt **Lg**

Lg ist durchmesserweit von **Gbg** entfernt.

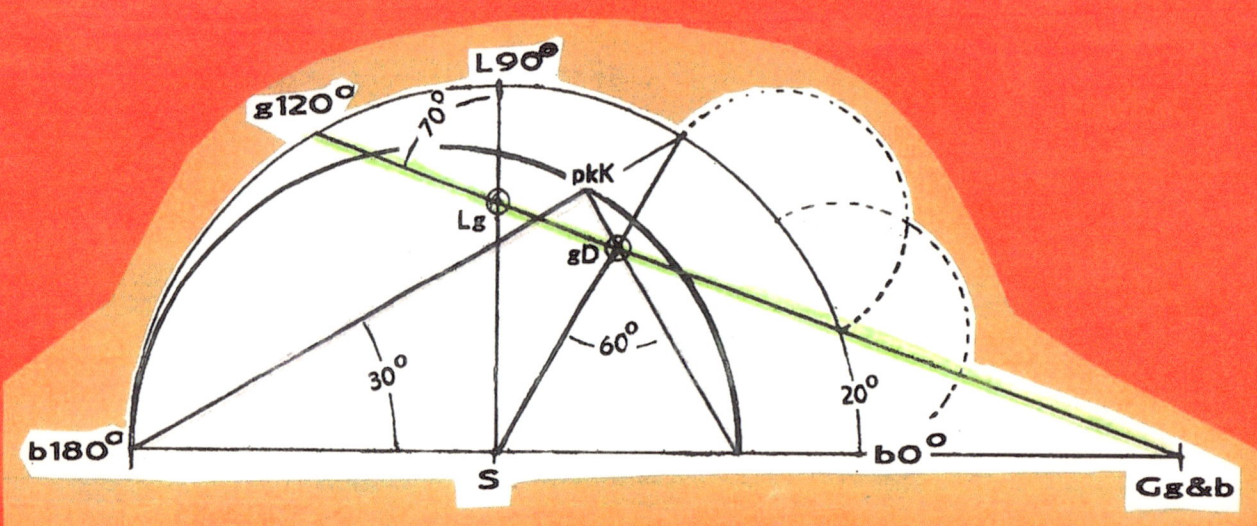

PkK ist Schnittpunkt eines um 1/6 kleineren Halbkreises mit dem

Periferiewinkel des zu teilenden Winkels.

Eine Sehne von dort zur Basisgeraden am Punkt

2/3 Radius schneidet den oberen Winkelschenkel.

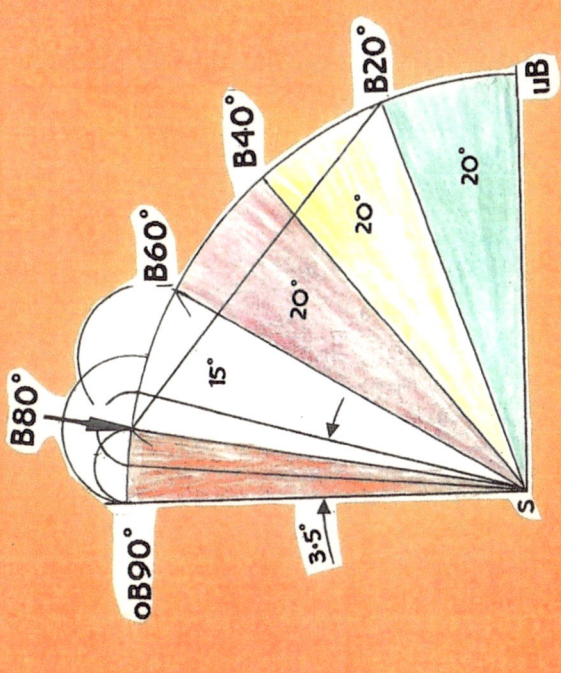

B80°
oB90°
3·5°
15°
20°
20°
20°
B60°
B40°
B20°
uB
20°

5°KONSTRUKTION
und 40° KONSTRUKTION

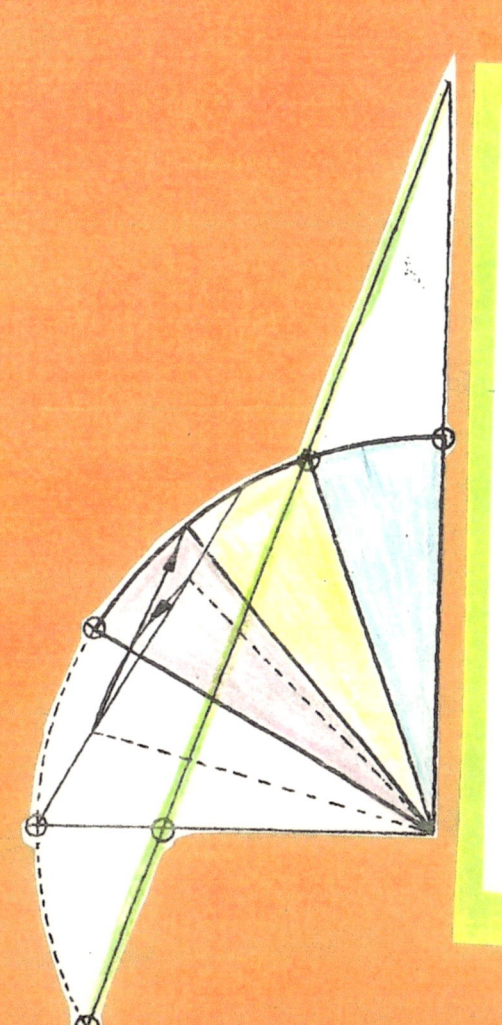

GEPRÜFT NACH ARCHIMEDES

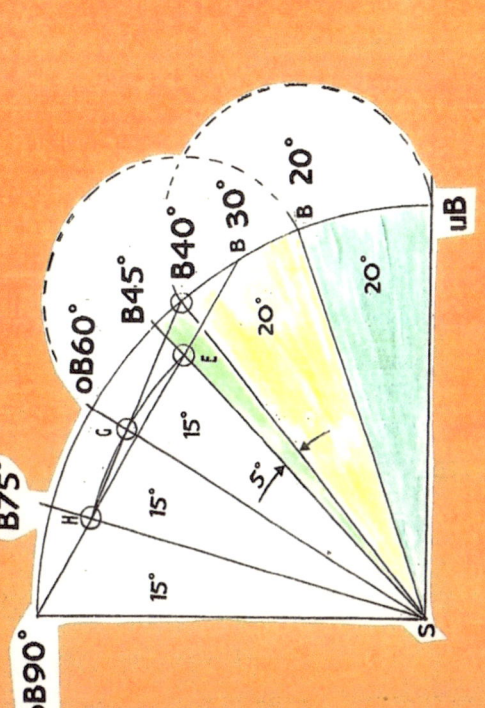

oB90°
B75°
oB60°
B45°
B40°
B 30°
B 20°
H
G
F
15°
15°
15°
15°
20°
5°
20°
uB
S

Prüfung

Einer Winkeldrittelung

mit der Geraden g

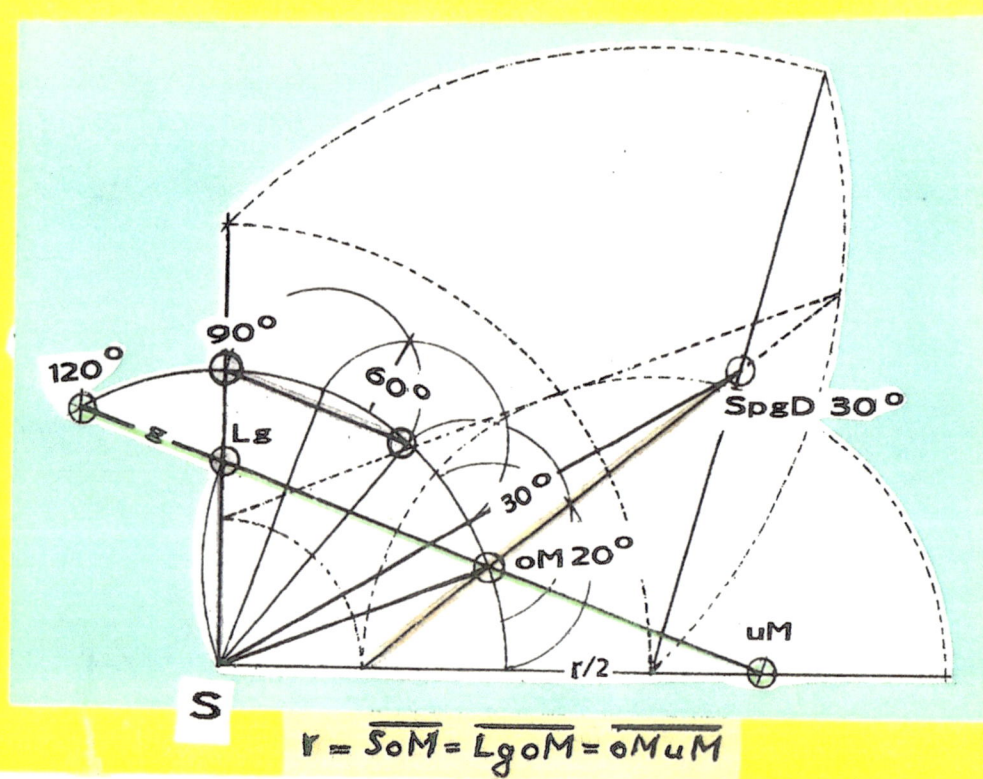

$$r = \overline{SoM} = \overline{LgoM} = \overline{oMuM}$$

Diese Zeichnung drittelt einen 60° Winkel

Es wird Punkt oM konstruiert

Die Strecke SLg ist so lang,

wie die Sehne des Bogens zwischen Punkt 50° und 90°

Ein DURCHMESSER— Verhältnis drittelt einen

60° – WINKEL

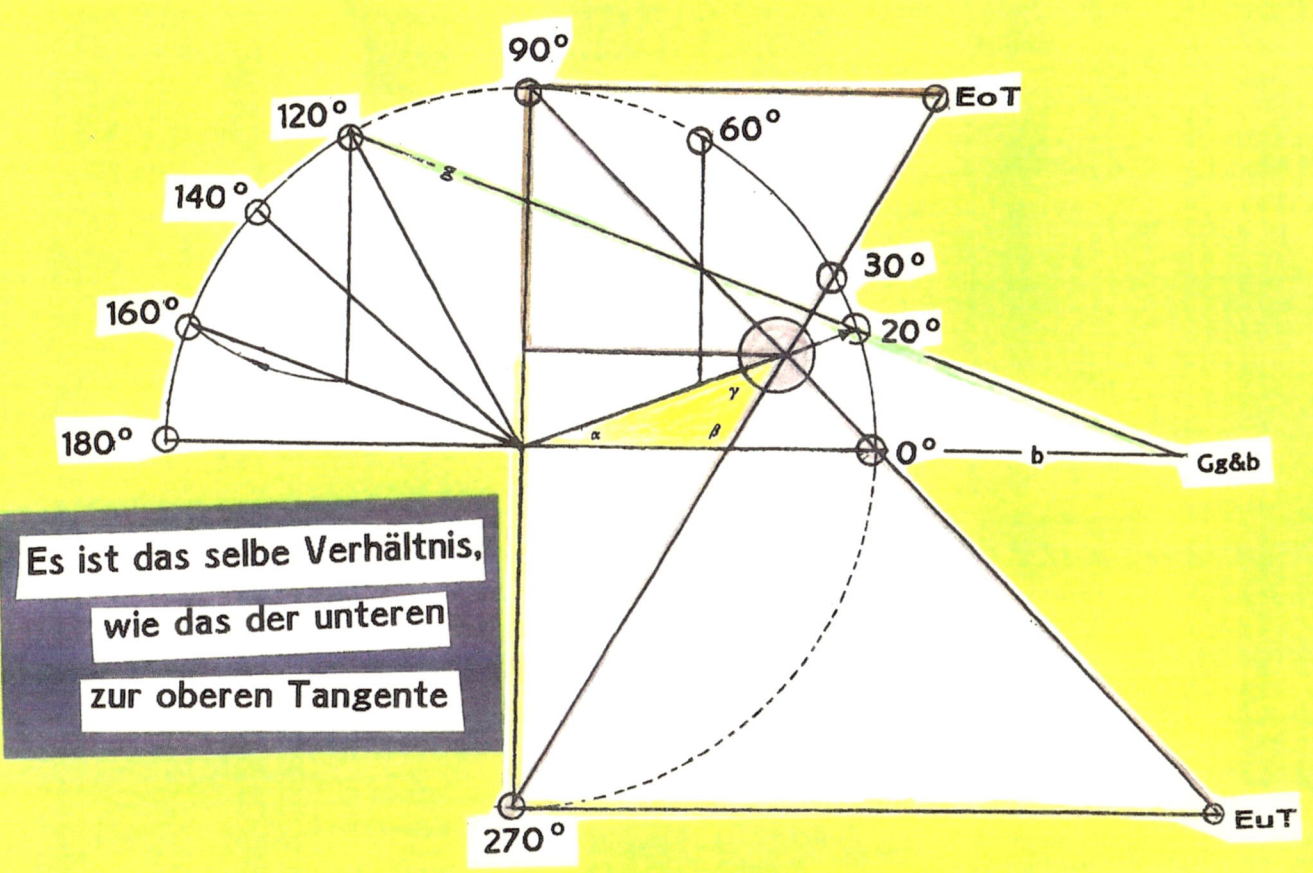

Es ist das selbe Verhältnis, wie das der unteren zur oberen Tangente

$\alpha = 20°$ $\alpha + \beta + \gamma = 180°$ $\beta = 6\alpha$ $\gamma = 2\alpha$

WINKEL *um* *dem* ROTEN Verhältnis- PUNKT

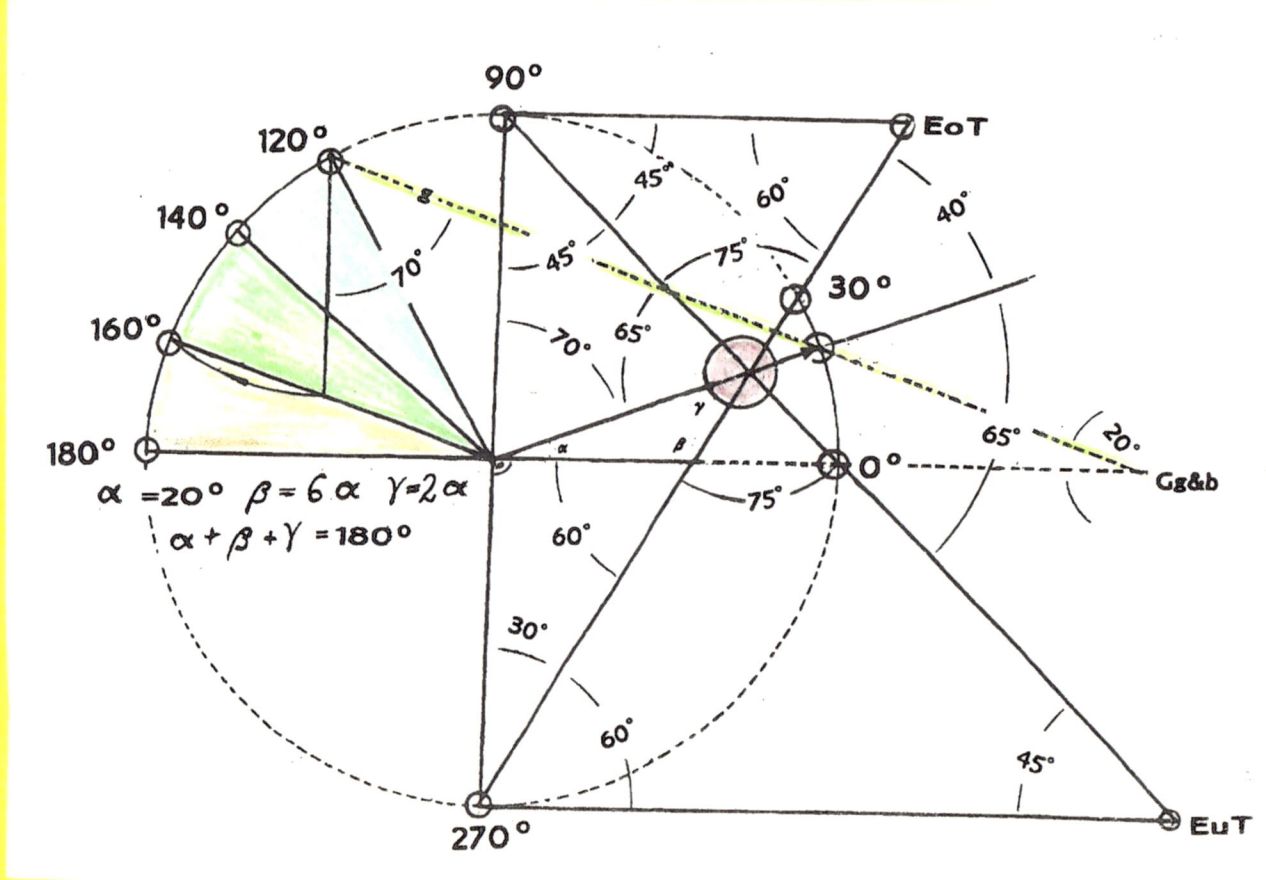

Geometrischer Beweis
für die Konstruierbarkeit
der Geraden „g"
nach Archimedes

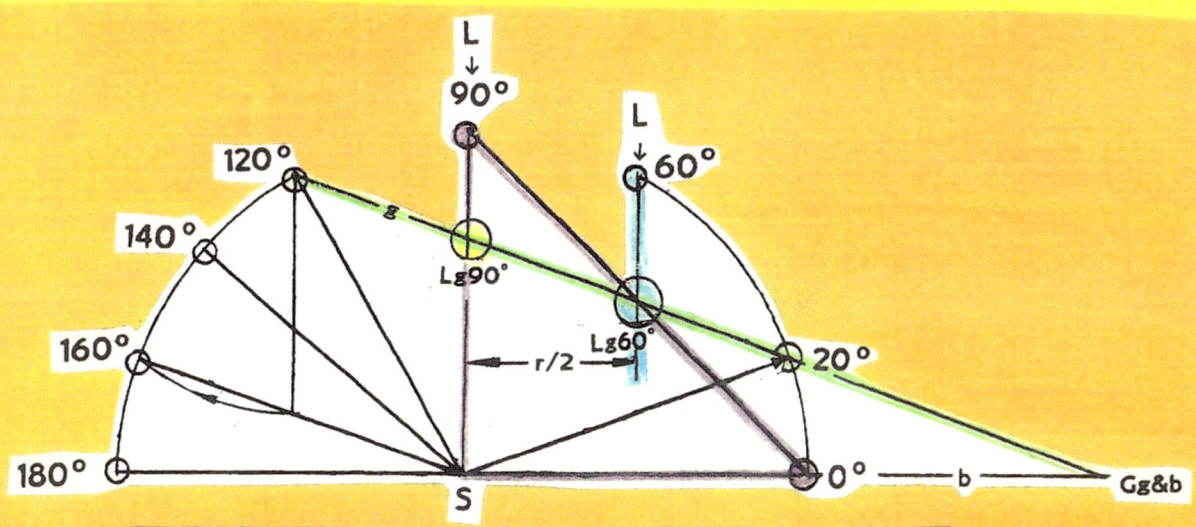

Punkt 120° und Punkt Lg60°

bestimmen die Lage von „g"

Lg 60° ist Schnittpunkt der Lotrechten L 60°

mit der

Hypotenuse des gleichschenkeligen rechten Winkels

3-Teilung mit 2 Halbierungen
zum Vergleich 2-er Winkel.
Es wird ein 75°- Winkel (25°&50°)

mit einem 90°-Winkel (30°&60°) verglichen.

Vorgehensweise:

1.) Ein rechter Winkel wird mit einem Kreisbogen begrenzt. Dieser wird mit dem Zirkel (Kreisradius) ausgehend vom Endpunkt des oberen Schenkels in 1/3 & 2/3 geteilt.

2.) Beide Punkte (Endpunkt&Drittelpunkt) werden mit einer Sehne verbunden.

3.) Der rechte Winkel wird halbiert. Sehne und Halbierungsstrahl bilden einen Schnittpunkt.

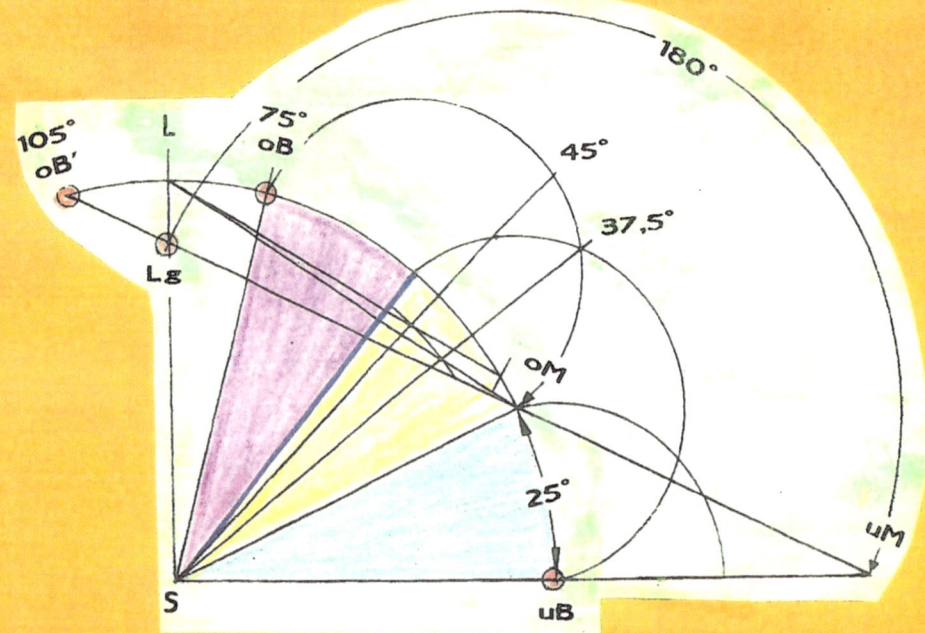

4.) Im rechten Winkel wird der 75° Winkel kontsruiert.

5.) Er wird ebenfalls halbiert (2·37,5°)

6.) Ausgehend vom gemeinsamen Scheitelpunkt (S), wird der Sehnenschnittpunkt (Punkt3) mit einem Zirkel auf den 37,5°-Strahl übertragen.

7.) Eine Sehne, die vom oberen 90° Bogenendpunkt über den am 37,5°-Strahl entstandenen Punkt führt, wird zum gemeinsamen Kreisbogen verlängert. Dort erzeugt sie einen Punkt, der den 75°-Winkel in 25° und 50° teilt.

Diese Konstruktion "überträgt das

Durchmesserverhältnis ⅔ + ⅓ zum Bogenverhältnis 20° + 40°

Der Anfangspunkt vom 3.)Drittel des Durchmessers verbunden mit einer Strecke zu Punkt Bg120° erzeugt an der Lotrechten einen Punkt, der zu Punkt S die Sinusstrecke von 20° bestimmt.

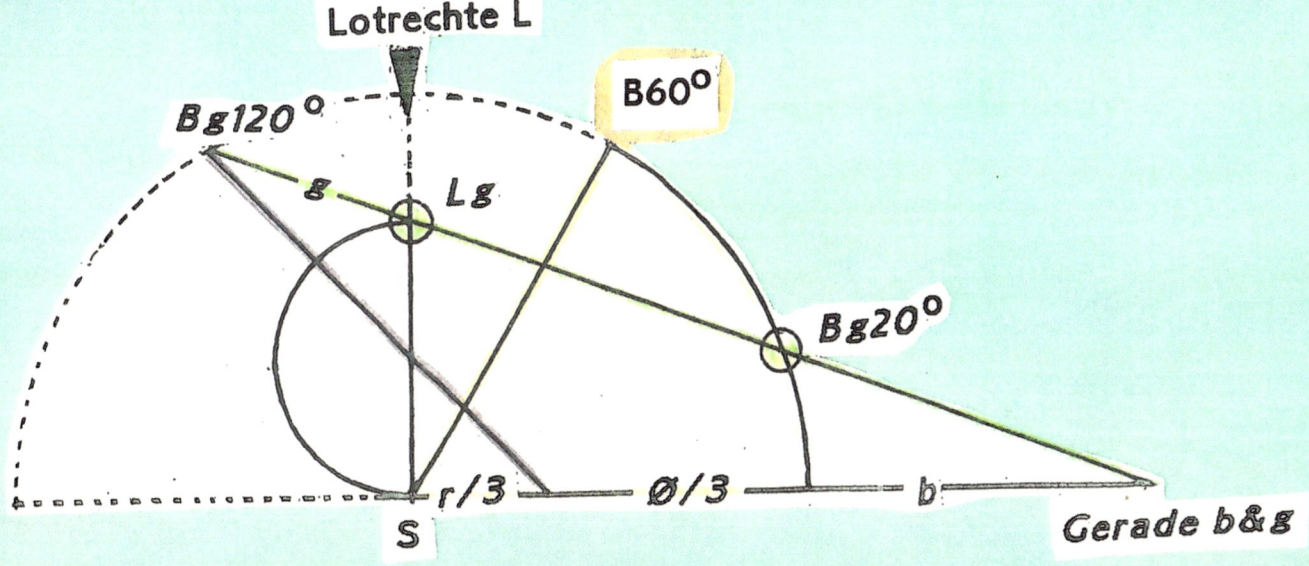

40° konstruiert

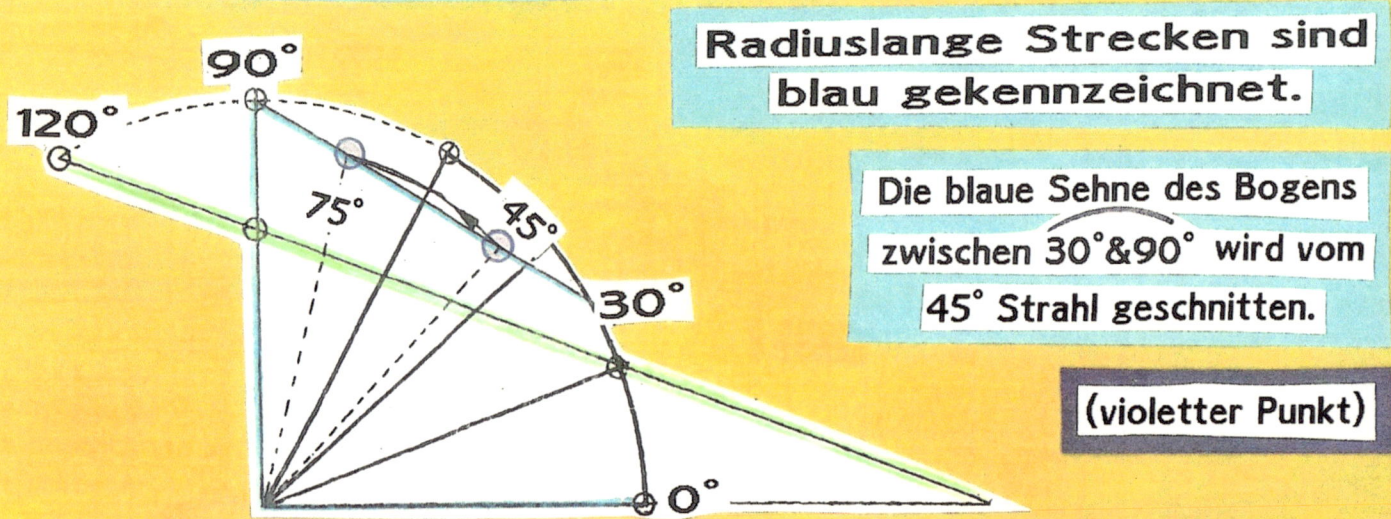

Radiuslange Strecken sind blau gekennzeichnet.

Die blaue Sehne des Bogens zwischen 30°&90° wird vom 45° Strahl geschnitten.

(violetter Punkt)

Ein Bogen zum 75° Strahl erzeugt dort ebenfalls einen Schnittpunkt.

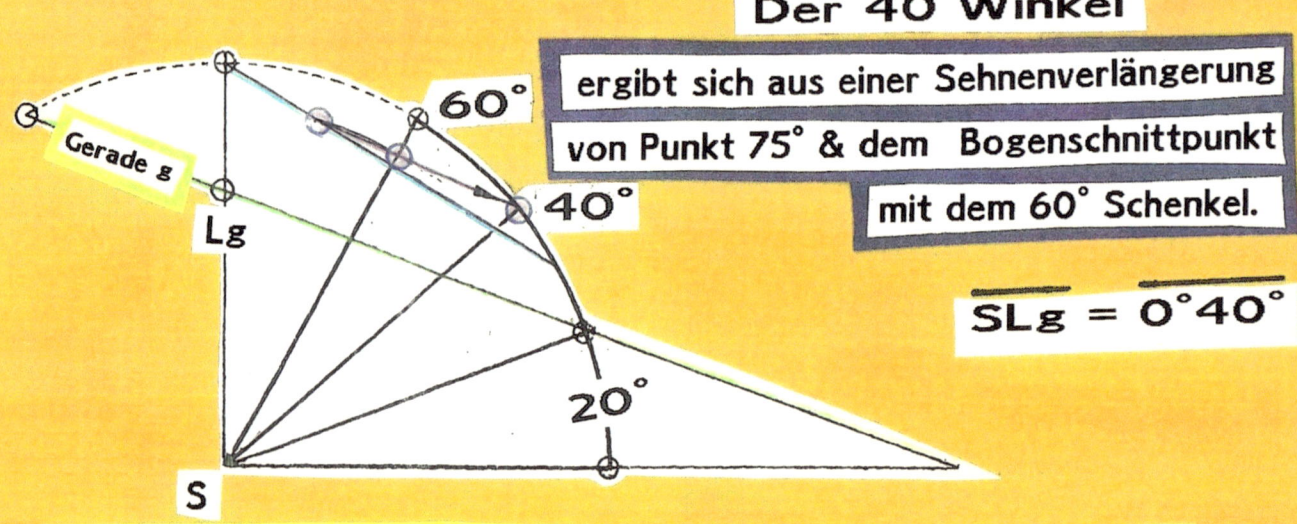

Der 40° Winkel

ergibt sich aus einer Sehnenverlängerung von Punkt 75° & dem Bogenschnittpunkt mit dem 60° Schenkel.

$$\overline{SLg} = \overline{0°40°}$$

Unter der Geraden g (nach Archimedes),

sind 4 gleich große Dreiecke mit gleichen Innenwinkeln (90°,70°&20°)

$$3 \cdot 30° = 90° \quad \& \quad 3 \cdot 20° = 60°$$

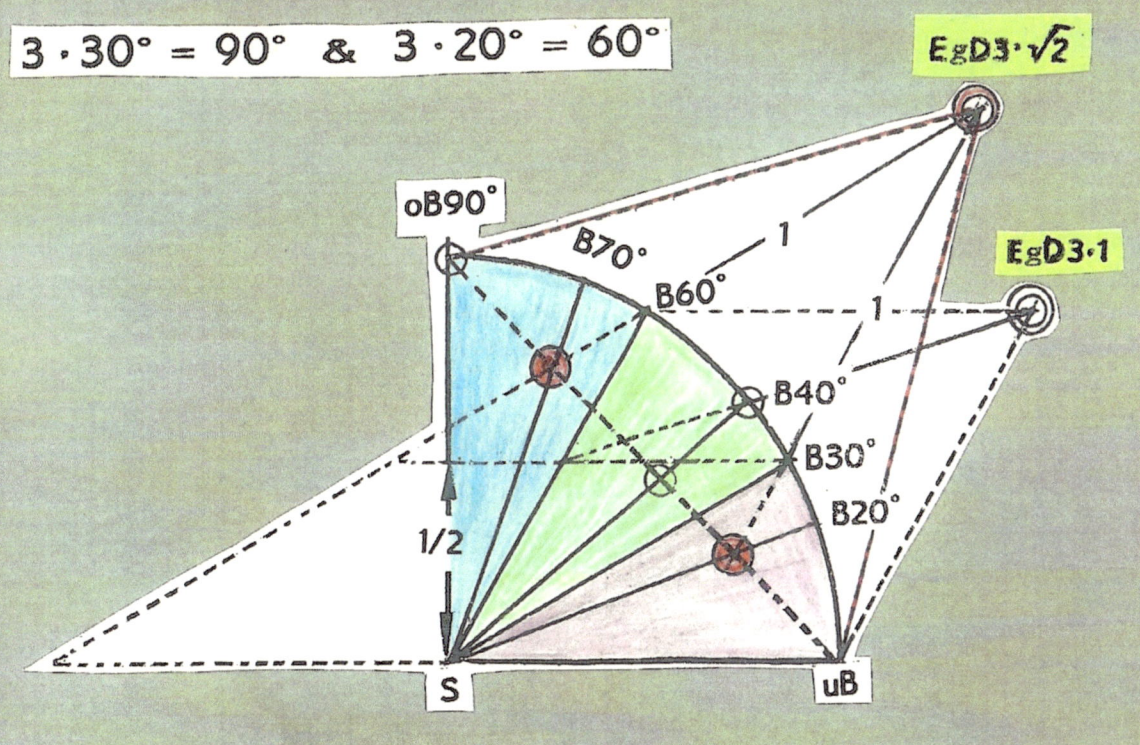

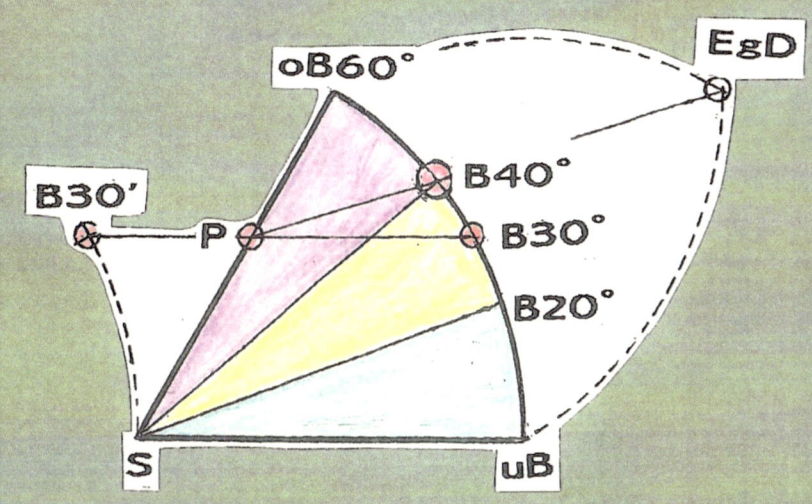

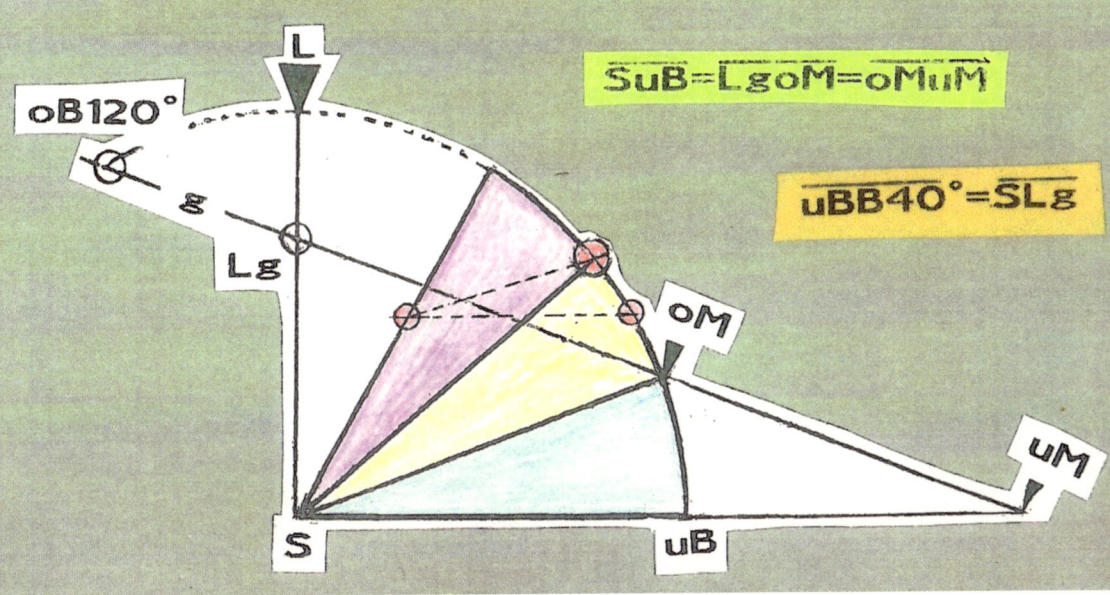

$$\overrightarrow{SuB} = \overrightarrow{LgoM} = \overrightarrow{oMuM}$$

$$\overrightarrow{uBB40°} = \overrightarrow{SLg}$$

Der obere Schenkel des 60° Zentriwinkels und der obere Schenkel des 30° Peripheriewinkels sind zusammen mit einer Lotrechten (L) über dem Scheitelpunkt des Zentriwinkels die wichtigsten Elemente zur Konstruktion der Geraden g.

60°:3=20°

Konstruktion der Geraden g, zur Winkel 3-Teilung

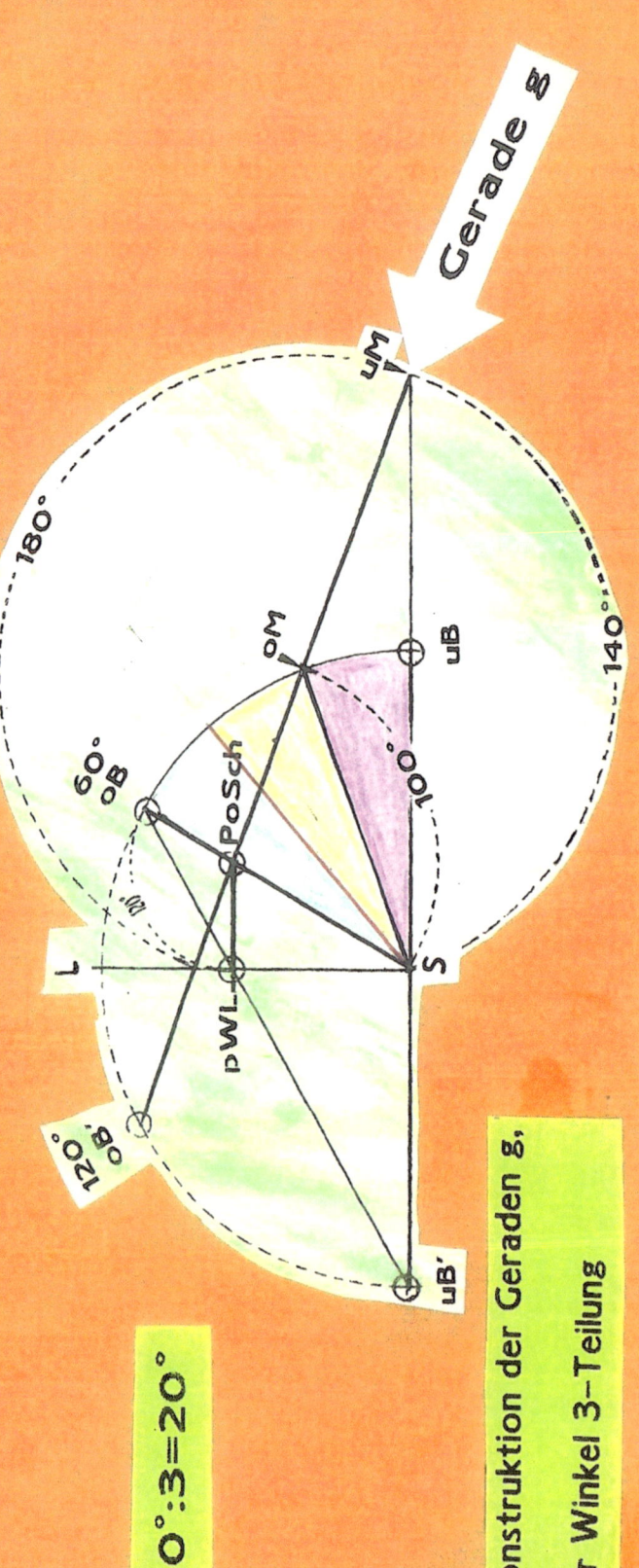

Der obere Schenkel des Periferiewinkels schneidet die Lotrechte am Punkt pWL. Wird von diesem Punkt ein rechter Winkel in Richtung des oberen Schenkels vom Zentriwinkel konstruiert, so entsteht mit dieser Linie ein Schnittpunkt (PoSch), der Element der archimedischen Geraden g ist. Mit einer Punktspiegelung an der Lotrechten L wird der obere Endpunkt des Zentriwinkels nach links gespiegelt. So wird ein 2. Punkt der Geraden g bestimmt. Der 1. ist Punkt PoSch.

Ein paar abschließende Worte zu diesem

Geobüchlein:

ZU neuem Denken ermutigen bedeutet, aktiv an einer
ungewissen Zukunft verändernd zu wirken.

Spielerisch- kreatives Denken

Neugierde und Ausdauer

sind Eigenschaften die uns helfen,

mit uns und der Welt gut umzugehen.

Wir müssen uns erlauben, wir selber zu
sein.

Muße ist dabei das wichtigste.

Sie befreit von der Dauerspannung des Streßes

und verbessert das Denken.

Alexandria`s Bibliothek

war das Zentrum,

in dem die Erkentnisse der antiken Welt

aufbewahrt wurden.

Im Flammeninferno, wurde im Jahre 48 vor Christi

das Wissen der damaligen Menschheit ein Opfer des Feuers.

Viele Inhalte blieben bis heute unbekannt.

Manche der heutigen „Beweise" beruhen auf dem Unwissen über antike Erkenntnisse und Arbeiten (z.B. Analysen von Archimedes).

Winkel zu dritteln, war ihm schon möglich. Erhalten blieb aber nur der vereinfachte Ansatz mit einem markierten Lineal. Diese Vereinfachung ist aber keine Konstruktion.

Zum Beweis der „Unkonstruierbarkeit" werden algebraische Mittel benützt, obwohl bekannt ist, daß viele Konstruktionen algebraisch nicht korrekt ermittelt werden können.

Hierzu gehören Kreise (mit transzententaler Verhältniseinheit Pi), Quatratwurzeln (viele sind Irrationalzahlen), und Winkeldrittelungen.

Mit geometrischen Mitteln sind sie alle genau ausfürbar.

Das trifft auch für die Winkeldrittelung zu.

© 2025 Harald Schatz
Verlag: BoD · Books on Demand GmbH, Überseering 33, 22297 Hamburg, bod@bod.de
Druck: Libri Plureos GmbH, Friedensallee 273, 22763 Hamburg
ISBN: 978-3-8192-4897-9

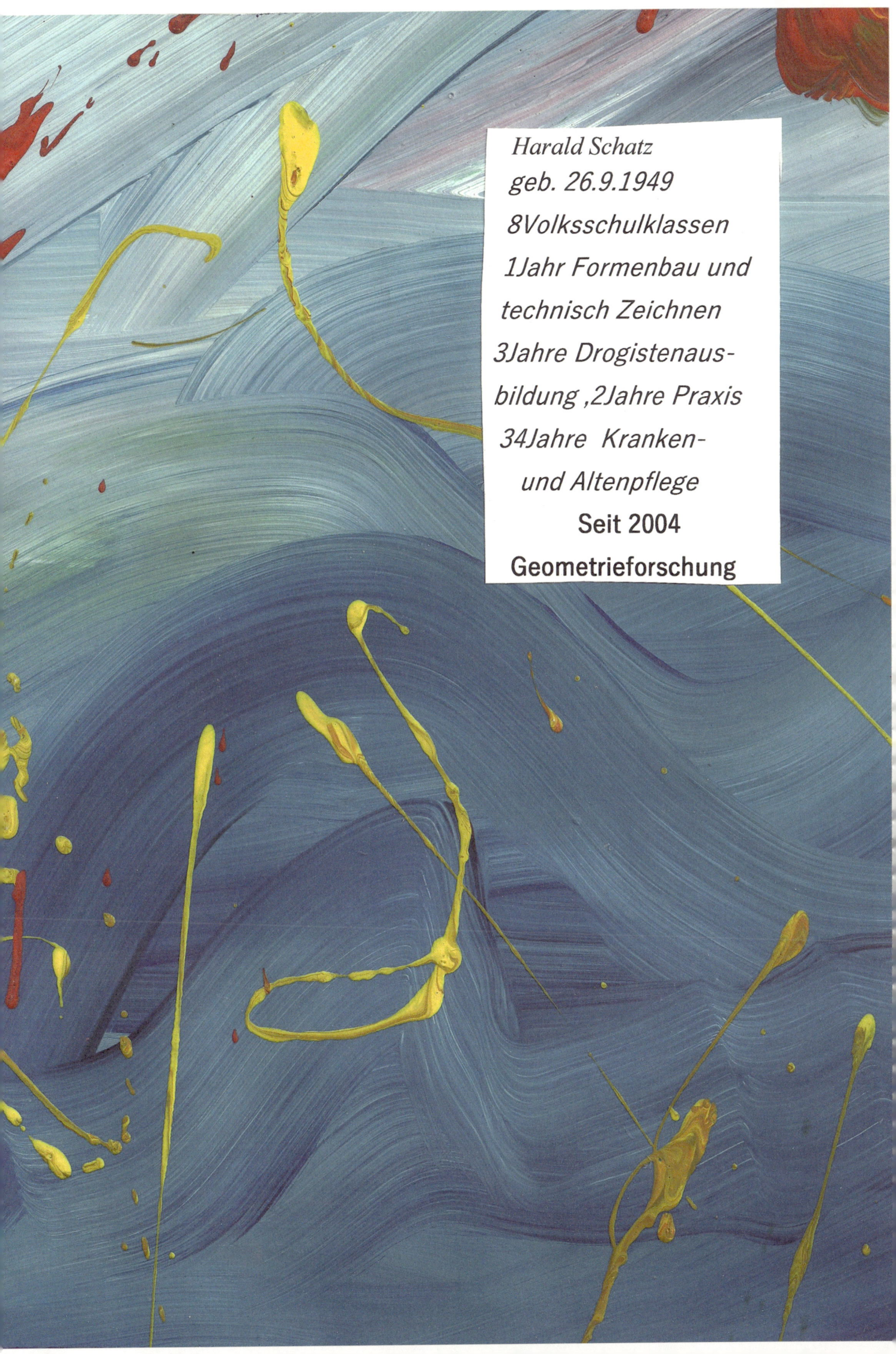

Harald Schatz
geb. 26.9.1949
8Volksschulklassen
1Jahr Formenbau und
technisch Zeichnen
3Jahre Drogistenaus-
bildung ,2Jahre Praxis
34Jahre Kranken-
und Altenpflege
Seit 2004
Geometrieforschung

GEOMETRIE

Harald Schatz